Die grossen Segelschiffe.

Ihre Entwickelung und Zukunft.

Von

W. Laas,

Professor an der Königlichen Technischen Hochschule zu Berlin.

Mit 77 Figuren im Text und auf Tafeln

Springer-Verlag Berlin Heidelberg GmbH
1908

Additional material to this book can be downloaded from http://extras.springer.com

ISBN 978-3-642-51283-4 ISBN 978-3-642-51402-9 (eBook)
DOI 10.1007/978-3-642-51402-9

Durch Nachtrag erweiterter Sonderabdruck

aus dem Jahrbuch der Schiffbautechnischen Gesellschaft 1907.

Softcover reprint of the hardcover 1st edition 1907

Vorwort.

Das Buch ist nach seinem Inhalt eine zweite, erweiterte Auflage des im Jahrbuch der Schiffbautechnischen Gesellschaft 1907 veröffentlichten Vortrages „Entwickelung und Zukunft der großen Segelschiffe“. Das Interesse, welches der Vortrag bei Schiffahrt und Schiffbau gefunden hat, ließ es wünschenswert erscheinen, denselben weiteren Kreisen zugänglich zu machen. Der Sonderabdruck wurde gleich bei der Herstellung des Jahrbuchs 1907 fertiggestellt und eine Ergänzung durch einen Nachtrag beim Erscheinen in Aussicht genommen. Die Entstehung der Buchausgabe möge das Anfügen des Nachtrages an Stelle einer veränderten Auflage rechtfertigen.

Der Kreis derer, welche sich für die Segelschiffahrt interessieren, ist groß, klein aber die Zahl derer, welche derselben noch eine Zukunft geben. Vielleicht trifft auch hier das alte Sprichwort zu, „wer oft tot gesagt wird, lebt am längsten“. Das Aussterben der großen Segelschiffe wird seit 50 Jahren prophezeit; ganz nahe aber sollte ihr Ende sein nach Eröffnung des Suez-Kanals. Trotz dieser Prophezeiungen sind gerade durch den scharfen Kampf mit den Dampfern erst in den letzten Jahrzehnten die großen Vier- und Fünfmast-Schiffe geschaffen worden. Von neuem wird nunmehr das sichere Ende der großen Segelschiffe durch den Panama-Kanal angekündigt; vielleicht bringen statt dessen die nächsten Jahre oder Jahrzehnte mit den Fortschritten der Technik auch wieder eine Vermehrung der großen Segelschiffe auf langer Fahrt. Ich glaube daran! Menschen und Kohlen werden immer teurer, demgegenüber steht der stets vorhandene Wind, welcher als Betriebskosten nur den Ersatz der Segel und des laufenden Gutes beansprucht.

Neben den vielen pessimistischen Zeichen der letzten Jahre sind auch einige Beispiele anderer Beurteilung zu erwähnen: erfreulich ist die Äußerung des Herrn Krogmann, des Vorsitzenden der Seeberufsgenossenschaft, auf der Tagung des Deutschen Nautischen Vereins 1907, daß die kleine und die große Segelschiffahrt immer bestehen bleiben werden. Ein weiteres günstiges Zeichen ist die Tatsache, daß die größten Segelschiffs-Reedereien in Hamburg noch dauernd ihren Bestand an Schiffen vermehren.

Zweifellos muß im Bau und in der Geschäftsführung viel geändert werden; beste Schiffe und Großbetrieb sind die ersten Bedingungen auch in der Segelschiffahrt, dazu guter Mut; Pessimismus ist der Tod des Fortschrittes!

Möge das Buch für Schiffbau und Schiffahrt Anregung geben, sich mit der technischen Vervollkommnung der großen Segelschiffe zu befassen; da ist noch viel zu tun!

Charlottenburg, Januar 1908.

W. Laas.

Inhalts-Verzeichnis.

Abbildungen.

Druckfehlerberichtigung.

Seite 3. Anmerkung: statt „107“ lies „127“.

„ 15. Anmerkung, 2. Zeile von unten: statt „Seetle“ lies „Seattle“.

„ 23. Deutschland, 2. Zeile Klammer: statt „Viermastbark“ lies „Dreimastbark“.

„ 42. 4. Zeile von unten: statt „Skysegel-Flieger“ lies „Skysegel, Flieger“.

„ 45. Fig. 57. Netto-Register-Tonnen sind 10 mal zu groß; statt „160 000 000“ lies „16 000 000“ usw. statt „10 000 000“ lies „1 000 000“.

„ 104. Reise III. 2. Spalte 3: statt „Hamburg“ lies „Kanal“.
„ 4: „ „16. 5.“ „ „21. 5.“.

„ „ Reise III. 3. Spalte 3: statt „Elbfeuerschiff III“ lies „Kanal“.
„ 4: „ „17. 12. 99.“ „ „6. 1. 06.“.

„ „ Reise III. 4. Spalte 3: statt „Cuxhaven“ lies „Kanal“.
„ 4: „ „1. 11.“ „ „11. 11.“.

„ „ Reise III. 5. Spalte 3: statt „Lizard“ lies „Elbe“.
„ 4: „ „17. 9.“ „ „12. 9.“.

Entwickelung und Zukunft der großen Segelschiffe.

Einleitung.

Sehr langsam hat sich die Entwickelung der hölzernen Segelschiffe bis zu ihrem Höhepunkte etwa in der Mitte des vorigen Jahrhunderts vollzogen. Jahrzehnte und Jahrhunderte vergehen, bis ein Fortschritt, ja oft nur eine Veränderung in der Größe und Form der Schiffe, in der Art der Takelung und ihrer Bedienung uns in den Abbildungen und Modellen aus jenen Zeiten bemerkbar wird, bis ganz allmählich aus den Fahrzeugen der ersten sagenhaften Hochseefahrer die Karavellen des Columbus und aus diesen die Linienschiffe und Ostindienfahrer des vorigen Jahrhunderts sich herausgebildet haben, die den berechtigten Stolz ihrer Zeiten bildeten. (1.)*) Charakteristisch für diese ganze erste Entwickelung ist der Umstand, daß Krieg- und Handelschiffe sich nicht wesentlich in der Bauart unterscheiden; wenn zwar bei den Kriegschiffen die ganze Tragfähigkeit und der ganze Raum den Kampfmitteln gehört, so mußte auch das Handelsschiff eine stattliche Anzahl Kanonen tragen zum Schutz gegen Seeräuber.

Mit dem gegebenen Material, Holz für den Schiffskörper, Holz und Hanf für die Takelung, ist etwas Vollkommenes in dem großen Segelschiff geschaffen worden; die Jahrhunderte alte Erfahrung hat allen Teilen, insbesondere der Takelung mit ihren vielfältigen Einrichtungen zum Bedienen der Raaen und Segel allmählich die Form und Abmessungen gegeben, welche mit möglichst geringem Gewicht und großer Einfachheit die größte Sicherheit verbinden.

Mit dem Eintritt des Dampfes in den Schiffbau scheiden sich die Wege des Handel- und Kriegschiffbaus immer mehr; das Kriegschiff reduziert

*) Die Ziffern in den Klammern beziehen sich auf die Zusammenstellung der Literatur auf Seite 107.

dauernd seine Takelung und hat in den Schlachtschiffen dieselbe längst vollständig abgeschafft. Wenn auch noch Jahrzehnte hindurch die Ausbildung auf einem Segelschiffe als unerläßlich für jeden Seemann gehalten wurde und zum großen Teil noch heute wird, so scheinen doch in den Kriegsmarinen auch die letzten, nicht allzu stolzen Reste der Segelschiffahrt, die Schulschiffe, in absehbarer Zeit verschwinden zu sollen.

Vom Kriegschiffbau losgelöst, haben sich in neuerer Zeit die großen Frachtsegelschiffe entwickelt, welchen ausschließlich der heutige Vortrag gelten soll.

Im Gegensatze zu den außerordentlich schnellen Fortschritten, welche den Dampfschiffbau zu seiner heutigen Blüte gebracht hat, ist diese Entwickelung bei den Segelschiffen merkwürdig langsam vor sich gegangen; man hat oft die Empfindung, daß nur die Not den Segelschiffbau zwingt, wenigstens die Hauptvorteile der Entwickelung des Schiffbaus auch mitzumachen; kräftige Initiative ist nur an wenigen Stellen zu finden. Man darf allerdings dabei nicht vergessen, daß die Schwierigkeiten bei Segelschiffen ganz erheblich größer sind als bei Dampfschiffen. Die Fortschritte des Dampfschiffbaus stützen sich fast durchweg auf Fortschritte der Technik an Land; erst wenn an Land eine neue Erfindung erprobt ist und sich bewährt hat, wird versucht, dieselbe, häufig erst mit der Zwischenstation des Flußschiffes, auf das Seeschiff zu verpflanzen. Im Gegensatz dazu bildet die Triebkraft der Segelschiffe, die Takelung, eine Welt für sich, in der nur wenige die Erfahrung haben, daß sie Verbesserungen anbringen können; und diese Wenigen, vom Knabenalter an auf See erzogen und heimisch, hatten wenig Zeit und Gelegenheit, sich mit den Fortschritten der Technik bekannt zu machen. Nimmt man dazu den altbekannten stark konservativen Sinn der Seefahrer, so ist die Tatsache schon erklärlicher, daß der Segelschiffbau lange nicht, und zum Teil auch heut noch nicht, so recht den Anschluß an die Fortschritte der Technik gefunden hat; die Jahrhunderte der langsamen Entwickelung lasten ihm als schwerfälliges Erbteil in den Gliedern.

Auffällig tritt dies zunächst zutage im Material für den Schiffskörper. Wie schnell hat sich der Dampfschiffbau von dem Holz frei gemacht; wie langsam ist es bei den Segelschiffen gegangen! Noch vor wenigen Jahren sind in Deutschland Barken und Vollschiffe an den alten Holzschiffwerften der Nordsee zu Wasser gelassen worden; erst langsam und spät haben die Reeder, Kapitäne und Schiffbauer die großen Vorzüge von Eisen und Stahl — geringeres Gewicht, größerer Laderaum, größere Festigkeit und Dichtigkeit — auch für die Segelschiffe benutzt, und erst in neuerer Zeit beginnen die Reedereien ihren letzten Bestand an hölzernen Segelschiffen abzustoßen; allerdings vorläufig nicht zum Vorteil der ganzen Segelschiffahrt, denn diese alten Holzsegelschiffe, die für wenige tausend Mark von Hand zu Hand gehen, bis sie schließlich verschollen sind — gut für das Schiff, traurig für die Besatzung — müssen bei dem geringen Anlagekapital auf die Frachten ungünstig wirken; ein wirklicher Fortschritt wird nicht eher zu erreichen sein, bis in der großen Segelschiffahrt die Holzschiffe ebenso verschwunden sind wie in der Dampfschiffahrt.

Noch langsamer hat sich der Übergang zum neuen Material in der Takelage vollzogen. Die eben angeführten Gründe sind hier besonders hindernd gewesen. Die Takelung eines Seeschiffes hat an Land nichts auch nur angenähert Ähnliches. Dieser kirchturmhohe Aufbau aus Druck- und Zugorganen soll in Kälte und Wärme, in Regen und Tropensonne fest und elastisch auf Deck stehen, die schwersten Stürme aushalten und dabei so leicht wie möglich sein, um die Stabilität nicht zu gefährden und die Momente beim Schlingern im schweren Wetter gering zu halten. Da Theorie und Rechnungen uns hierbei fast ganz im Stich lassen, konnten sich Form und Abmessungen nur langsam aufbauend durch fortschreitende Erfahrung sicher entwickeln. Und trotzdem konnte es nicht ausbleiben, daß der Übergang zum neuen Material nur mit schweren Opfern erkauft werden konnte.

So einfach es scheint, Holzmasten durch Stahlmasten und das stehende Gut aus Hanf durch Stahldraht zu ersetzen, so schwer sind die Verluste an Schiffen und Menschen gewesen, ehe es gelang, für die Herstellung und Abmessungen der Teile und ihrer Verbindungen mit dem Schiffe die erforderliche Elastizität mit der notwendigen Festigkeit zu erreichen. Tastend, unsicher wurden Stahlmasten dimensioniert, Stahlwanten versucht, dabei aber die Hanftaljereeps zum Spannen derselben beibehalten, bis schwere Havarien zeigten, daß Stahlmasten nicht so elastisch abgestagt werden dürfen wie Holzmasten, und man zu den heute gebräuchlichen Spannschrauben für das stehende Gut überging.

I. Entwickelung der Schiffe.

Im folgenden soll die Entwickelung der großen Segelschiffe in Amerika, England, Frankreich und Deutschland gesondert behandelt werden. Diese vier Länder beherrschen die Entwickelung in den letzten Jahrzehnten; sie beeinflussen sich zwar im Bau der Segelschiffe wechselseitig, und haben alle viel Gemeinsames; aber auch die Unterschiede sind recht groß, und jedes Land zeigt einige besondere charakteristische Erscheinungen, so daß die getrennte Behandlung zweckmäßig erscheint.

Amerika.

Die Entdeckung des Goldes in Kalifornien im Jahre 1848 hatte einen großen Aufschwung des Verkehrs von der Ostküste Nordamerikas zur Folge. (2.; 5a.) In dieser Zeit entstanden zur schnellen Beförderung von Auswanderern und Ladung die amerikanischen Schnellsegler, für welche seit dieser Zeit der Name „Clipper" bekannt ist. Da Rückfracht von Kalifornien kaum zu haben war, fuhren die Schiffe nach China und von dort zurück nach New-York, bald auch übernahmen sie die Theefracht nach England und sind lange Jahre den englischen Schiffen weit überlegen gewesen. Schon damals ging das amerikanische Streben ins Übergroße; ein Beispiel davon ist das s. Z. größte Segelschiff, die Viermastbark „Great Republic", (8.) gebaut in Boston im Jahre 1853 von Mc. Kay, (dem Konstrukteur von „Flying Cloud", — „Flying Fish", „Sovereign of the Seas", „Bold Eagle", „Empress of the Sea", „Staghound", „Westward Ho", „Staffordshire"); Takelung und Hauptabmessungen s. Fig. 53 u. S. 41; bemerkenswert ist die Aufstellung einer Hilfsmaschine von 15 PS zum Heißen der Raaen. Das Schiff kam auch nach London und wurde dann im Krimkriege von der französischen Regierung zum Truppentransport gechartert; (2.) später soll dasselbe im Hafen von New-York verbrannt sein. (4. e.) Auf dieses Schiff, welches wirklich ein hervorragendes Beispiel des technischen und wirtschaftlichen Unternehmungsgeistes der damaligen Zeit ist, werde ich später zum Vergleich mit heutigen Schiffen noch zurückkommen (s. S. 41 u. 42).

In der allgemeinen Flaute des Verkehrs nach dem Krimkriege lag der ganze amerikanische Schiffbau schwer darnieder; im Jahre 1858 soll in New-York kein einziges Schiff mehr auf Stapel gewesen sein. Auch später hat der amerikanische Übersee-Seglerverkehr nicht mehr so recht aufblühen können; und es scheint, als ob das große Raa-Segelschiff in Amerika tatsächlich allmählich verschwinden soll. (3.) Merkwürdigerweise hat sich dort besonders lange auch für das größte Raaschiff noch das Holz als Baumaterial erhalten, und erst in neuester Zeit sind in Amerika größere Raaschiffe aus Stahl gebaut, aber nur in geringer Anzahl. 1904 existierten nur 8 Stahl-Raaschiffe über 3000 t in Amerika, und seit dieser Zeit ist überhaupt kein größeres Raaschiff

„Astral“

geb. 1900 bei A. Sewall, Bath Ms. U. S. A.

L = 101,23 m. B = 13,84 m. D = 7,92 m. Br. Reg. Tons 3292. Netto Reg. Tons 2987.

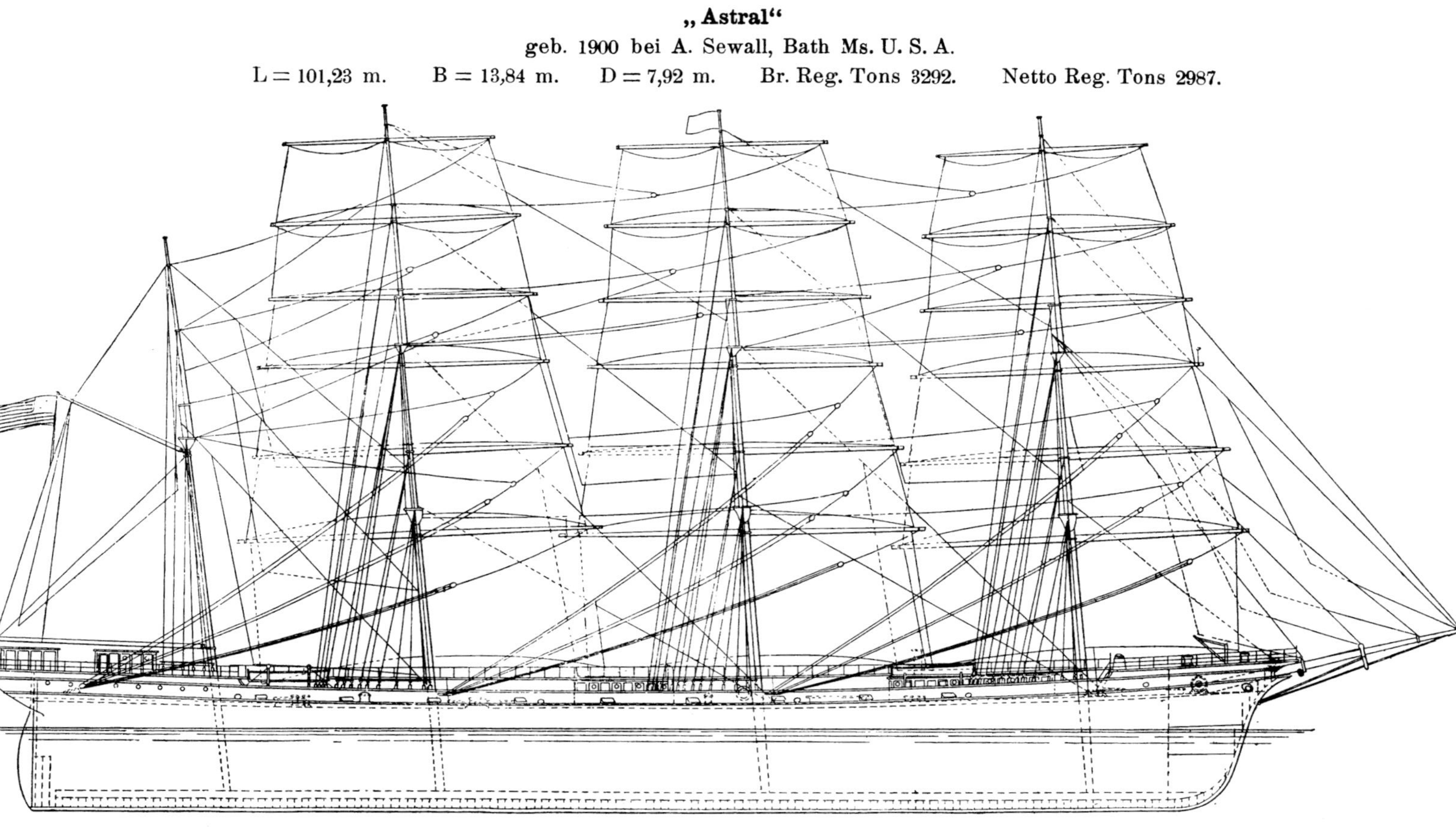

Fig. 1.

weder in Holz noch in Stahl in Amerika gebaut worden; die Gesamtzahl der Raaschiffe betrug 1904 nur noch 320 mit 360 730 Br.-Reg.-Tons. Davon

	Ships (Vollschiffe)		Barks	
	Zahl	Br.-Reg.-Tons	Zahl	Br.-Reg.-Tons
Stahl . . .	11	33 035	6	9 704
Eisen	8	14 321	11	12 918
Holz	66	119 081	110	102 495
	85	166 437	127	125 117

Unter diesen sind im ganzen 10 über 3000 Br.-Reg.-Tons, davon die beiden größten

„Roanocke“ von 3539 Br.-Reg.-Tons im Jahre 1892
und „Shenandoah“ „ 3406 „ „ „ 1890

aus Holz gebaut; die übrigen von rund 3000—3400 Br.-Reg.-Tons 1894—1902 aus Stahl gebaut; ein Teil dieser Schiffe ist in der Petroleumfahrt beschäftigt. Als Beispiel wird in Fig. 1 die Viermastbark „Astral“ gezeigt. (4. a.) Abmessungen nach Lloyds-Register: L = 101,23 m, B = 13,84 m, D = 7,92 m, gebaut 1900 bei A. Sewall, Bath Ms. für die Standard-Oil-Co. Br.-Reg.-Tons 3292. Netto 2987. Bemerkenswert ist die im Vergleich zur europäischen Bauart niedrige, oben breite Takelung; das Verhältnis von Roilraa zur Unterraa beträgt ungefähr 0,6, während auf europäischen Schiffen im allgemeinen die Roilraa rund 0,5 × Unterraa genommen wird; auffallend ist auch im Vergleich zu Fig. 54, daß der Fockmast und Besahnmast sehr weit nach vorn stehen; der Gesamtschwerpunkt des Segelareals liegt dadurch um rund 1,5 m weiter vor der Mitte zw. Pp., als dies sonst im allgemeinen üblich ist.

Im Gegensatz dazu haben sich in dem letzten Jahrzehnt für die Fahrt an der Ost- und Westküste die großen Schoner weiter entwickelt, welche auch teilweise in der Fahrt nach Australien beschäftigt werden.

Auch diese 4, 5, 6 Mastschoner sind fast durchweg aus Holz gebaut. Als Beispiel möchte ich den Sechsmastschoner „Geo. W. Wells“ anführen (Fig. 2); derselbe hat (4. c.)

Länge im Kiel . . .	303′ =	92,41 m
Länge über Alles . .	345′ =	105,22 „
Größte Breite	48′ =	14,63 „
Raumtiefe	25′ =	7,62 „
Br.-Reg.-Tons	2970	
Tragfähigkeit	5000 t	

und fährt regelmäßig zwischen Norfolk und Boston. Zur Bedienung der Segel auf See dient eine Winde mit 2 Spillköpfen im Deckhaus vorn, und eine gleiche hinten, jede für 3 Masten. Auf diese Weise kann das Schiff mit im ganzen 14 Mann Besatzung auskommen. Als weitere große Schoner über 3000 Br.-Reg.-Tons wären zu nennen: (3.)

„Elisabeth Palmer“-Boston,	3060 Br.-R.-T.;	13	M.	Besatzung	einschl.	Kpt.
„Eleanor A. Percy“-Bath,	3401 „	16	„	„	„	„
„Wm. H. Douglas“-Boston,	3708 „	14	„	„	„	„

„George W. Wells.“

L = 105,54 m. B = 14,63 m. D = 7,62 m.

Fig. 2.

Auch diese, an sich gesunde Bewegung mußte aber echt amerikanisch über das Ziel hinausschießen. Im Jahre 1902 wurde bei der Fore-River-Co.-Quincy der Siebenmastschoner „Thomas W. Lawson“ aus Stahl gebaut. (4. d.) Das Schiff verließ die Werft am 8. September 1902 (Fig. 3), seine Abmessungen sind die folgenden:

Länge	368,0' = 112,24 m; über Alles 403' = 122,9 m.
Breite	50,0' = 15,2
Tiefe	35,3' = 10,75
Br.-Reg.-Tons . .	5218
Netto	4914
Tragfähigkeit . .	8100 t bei 8,1 m Tiefgang

Besatzung einschließlich Kapitän 17 Mann.

Auch dieses Schiff erhielt ein Kesselhaus mit Winde vorn für die 3 vorderen, ein gleiches hinten für die 4 hinteren Masten, und ferner 4 Dampfwinden vor den übrigen Luken in der Mitte für Ladung und zum Bedienen der Segel. Die amerikanischen Zeitschriften waren des Lobes voll über dieses größte Segelschiff der Welt (es konnte ganze 100 t mehr tragen als das deutsche gleichzeitig gebaute Fünfmastschiff „Preußen") und es wurde angekündigt, daß dieses Schiff das erste eines neuen Typs sei, welches die „Ozeanfrachtfahrt revolutionieren" sollte.

Bereits im Juli des folgenden Jahres befindet sich an versteckter Stelle einer dieser Zeitschriften eine kleine Notiz (4. d.).

„Der berühmte „Thomas W. Lawson" wird abgetakelt und zum Leichter umgebaut; er geht zu tief für die meisten Häfen, und es hat sich gezeigt, daß er nur bei dem besten Wetter zu regieren ist." Das war die Revolution der Frachtschiffahrt.

Trotz dieses Mißerfolges ist der Gedanke der großen Schoner für die amerikanischen Verhältnisse durchaus gesund und eigenartig großzügig. Wegen der hohen Löhne muß auf solchen Schiffen, wenn sie konkurrenzfähig bleiben sollen, Mannschaft gespart werden, und darin haben es die Amerikaner doch so weit gebracht, daß auf 1 Mann Besatzung durchschnittlich 250 Br.-Reg.-Tons oder (bei dem Verhältnis von etwa 1,6 von Br.-Reg.-Tons zur Tragfähigkeit bei Schonern) etwa auf 1 Mann Besatzung 400 t Tragfähigkeit kommen, d. i. ungefähr dreimalso viel, als mit den großen Raaschiffen erreicht ist (s. Anhang IIIa). Es wird dies hauptsächlich ermöglicht durch ausgedehnte maschinelle Anlagen für die Bedienung der Segel.

Der Vorteil der Schonertakelung kommt nur für die große Küstenfahrt zur Geltung. Auf langer Fahrt über See bleibt der Schoner doch weit hinter der Leistung der großen Raaschiffe zurück; diese Takelung kommt also für unsere europäischen Verhältnisse für die große Fahrt nicht in Frage; die aschinelle Bedienung der Segel aber ist auch für die großen Raaschiffe vor-

„Thomas W. Lawson"

geb. 1902 bei Fore River Co., Quincy, Ms.

L = 112,24 m. B = 15,2 m. D = 10,75 m. Br.-Reg.-Tons 5218. Netto-Reg.-Tons 4914. **Tragfähigkeit 8100 t bei 8,1 m Tiefgang.**

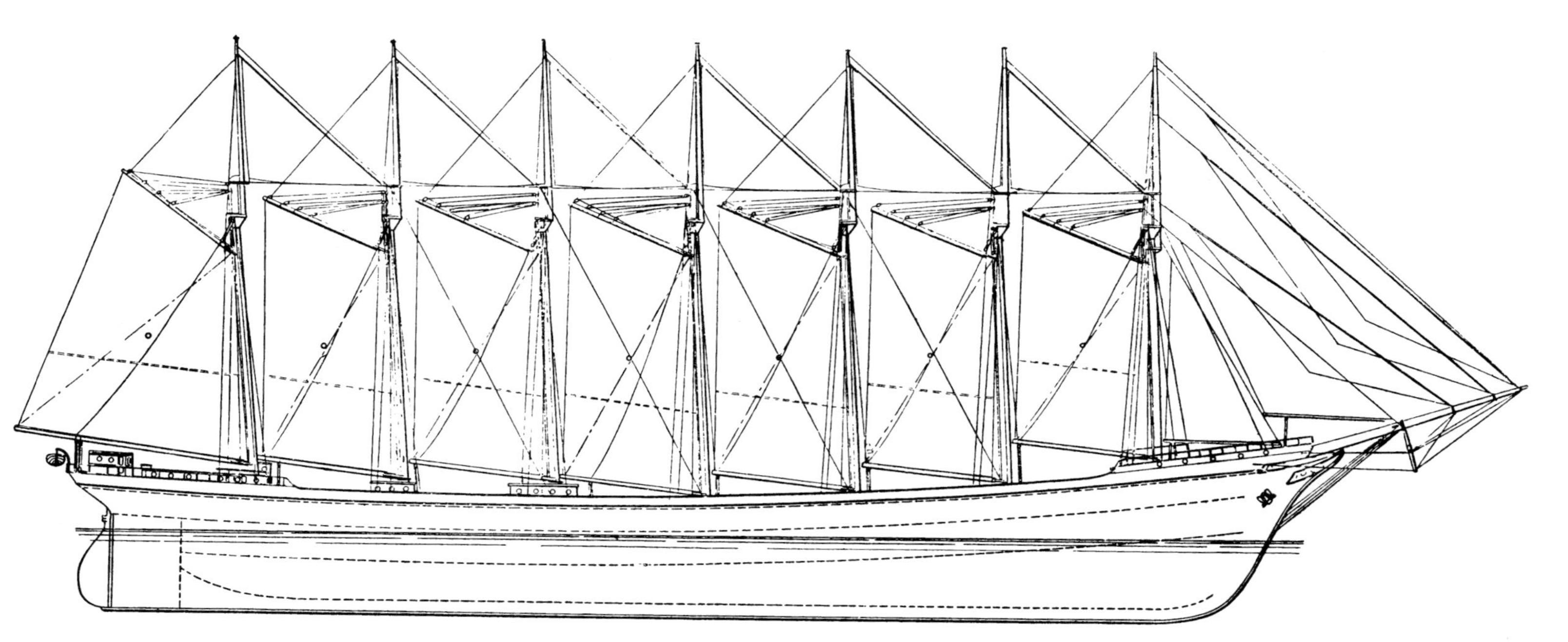

Fig. 3.

bildlich geworden und kann auf diesen noch wesentlich weiter ausgebildet werden.

England.

Der Erfolg der amerikanischen Clipper um 1850 ist, abgesehen von der günstigen Fahrtgelegenheit nach Kalifornien, auch dem Umstande zu danken, daß in Amerika der Schiffbau nicht durch unsachliche Vermessungsvorschriften eingeengt war. Die amerikanischen Segelschiffe, welche anfangs der 50er Jahre einen großen Teil des Handels nach England an sich rissen, haben mit dazu beigetragen, daß diese Einengung durch die neuen Vermessungs-Vorschriften des Merchant Shipping Act von 1854 beseitigt worden sind. Schon einige Jahre vorher hatten sich einzelne Reeder und Schiffbauer von den alten Regeln frei gemacht und lieber einen größeren Vermessungs-Tonnengehalt mit in den Kauf genommen, um gute und schnelle Schiffe zu erhalten (2.; 5. a).

Im Wettbewerb mit den amerikanischen Clippern beginnt die Blüteperiode der englischen Segelschiffahrt bis zu ihrem Höhepunkt um das Jahr 1870. Nur die wichtigsten und interessantesten Punkte dieser Entwickelung können hier erwähnt werden.

Wie einst die Römer gestrandete Schiffe der Karthager als Vorbild nahmen, um sich eine Flotte zu schaffen, welche die Karthager besiegen sollte, so haben es die Engländer gemacht im Kampf mit der amerikanischen Konkurrenz. Als die berühmten amerikanischen Clipper „Challenge“ und „Oriental“ in London ins Dock gingen, wurden sie von Technikern der Admiralität aufgemessen, um danach die neuen Schiffe zu konstruieren (5. a). Und es hat nicht viele Jahre gedauert, bis die englischen Schiffbauer eben so gute Schnellsegler bauen konnten, in den 50er Jahren in Holz, seit 1863 fast durchweg in Composit (Eisen-Querverband mit gekupferter hölzerner Außenhaut).

Unter der Reihe berühmter Schiffe dieser Periode sind 2 für den Schiffbauer besonders bemerkenswert. Zunächst das erste eiserne Segelschiff „Lord of the Isles“, 1852 bei Scott-Greenock gebaut (Br.-Reg.-Tons 770; L = 58,22 m, B = 8,47 m, Raumtiefe 5,64 m); da sich aber ergab, daß der Schiffsboden mit den damaligen Anstrichen nicht rein gehalten werden konnte, wurden die folgenden Schiffe wieder in Holz oder Composit gebaut, um ihnen einen Kupferbeschlag geben zu können. Als zweites möchte ich den „Oberon“ erwähnen, 1869 in Composit gebaut (Br.-Reg.-Tons 1189, L = 73,45 m, B = 10,97 m, Raumtiefe 6,41 m), erstens, weil es ausnahmsweise über 1000 Reg.-Tons groß ist, und weil es eine Hilfs-Dampfmaschine erhielt; mit welcher es auch eine Reihe Fahrten mit gutem Erfolge ausgeführt hat. Die Maschine wurde aber schließlich herausgenommen, weil das ständige Dampfhalten zu viel Kohlen erforderte.

Auf die hochinteressanten Schnell- und Wettfahrten dieser Schiffe in den 60er Jahren muß ich mir versagen, hier näher einzugehen, die damalige Literatur enthält darüber reichhaltige Mitteilungen (S. 42 und Fig. 55).

Mit der Eröffnung des Suezkanals beginnt der harte Konkurrenzkampf zwischen Segelschiff und Dampfer.

Die nächste Folge war eine erhebliche Vergrößerung der Segelschiffe, da die Bau- und Betriebskosten eines großen Schiffes in viel geringerem Maße mit der Größe zunehmen, als die Tragfähigkeit. Während bis 1870 nur vereinzelte Schiffe über 1000 Reg.-Tons gebaut waren, wuchs in den ersten 70 er Jahren die Größe schnell bis 2000 Reg.-Tons. Für diese größeren Schiffe wird dann bei der großen Beanspruchung durch die Takelung das Eisen als Baumaterial vorteilhaft, da dieselben zur Vergrößerung der Geschwindigkeit eine weit über das bisher gebräuchliche hinausgehende Takelung erhielten. Die Folge dieser ungewöhnlichen Vergrößerung der Takelung war eine Reihe schwerer Havarien.

In den Jahren 1873/74 wurden in 12 Monaten nicht weniger als 11 große Segelschiffe entmastet, davon 9 auf ihrer ersten Reise (6.; 5. b). Dies erregte großes Aufsehen und veranlaßte den Vorstand von Lloyds Register, die Unfälle durch eine besondere Kommission eingehend untersuchen zu lassen. Die Untersuchung beschränkte sich nicht auf die Unfälle, sondern zog die ganze Frage der Takelung großer Segelschiffe in ihre Beratung. Es wurden 83 Bark- und Vollschiffe der verschiedensten Größe von 340—2080 Reg.-Tons unter Deck, von 36—83 m Länge eingehend nach allen Richtungen bearbeitet, insbesondere wurden die Abmessungen der Masten und Raaen und des stehenden Gutes verglichen; durch sorgfältige Versuche wurde die Elastizität und Festigkeit von Stahldraht in Verbindung mit Hanf- und Stahl-Taljereeps und Spannschrauben ermittelt und die Kraftanteile berechnet, welche von Mast und stehendem Gut unter dem Winddruck und beim Schlingern der Schiffe aufgenommen werden; auch die Stabilität wurde nach Größe und Umfang durchgerechnet.

Die Arbeit der Kommission ist in einem umfangreichen Bericht veröffentlicht; (6.) dieser Bericht stellt demnach die erste gründliche Behandlung der Sicherheit der Segelschiffe und ihrer Takelung auf Grund eingehender Versuche und Rechnungen dar.

Das praktische Ergebnis der Untersuchung waren die Tabellen für eiserne Masten und Rundhölzer sowie für das stehende Gut aus Draht, welche die Minimalstärken derselben entsprechend der Größe der Schiffe festsetzen; (7.) zunächst wurden die Abmessungen empfohlen (suggested) und bilden seitdem die Grundlage für die Bemessung dieser Teile; seit 1891 ist das Wort „suggested“ für das stehende Gut fortgefallen, seit 1892 auch für Masten und Raaen usw. Die Tabellen bilden also seit dieser Zeit einen Teil der Vorschriften (Rules) von Lloyds Register. In ähnlicher Form sind die 1874 ermittelten Tabellen in die Vorschriften des Bureau Veritas und des Germanischen Lloyd übergegangen.

Vor 1874 war die Bemessung der Takelageteile den Erfahrungen der Werften und Reedereien überlassen. Dieses Verfahren hatte auch bis dahin zu keinen Mißständen geführt, weil die gebauten Schiffe sich in bestimmten gleichmäßigen Größen hielten, und die Jahrzehnte lange langsame Entwickelung die Abmessungen aller Teile ermittelt hatte. Erst der schnelle Übergang zu ungewohnten Abmessungen und der Wechsel des Materials machten ein Eingreifen von Lloyds Register notwendig.

Wenn die Festlegung der Takelageabmessungen durch Tabellen auch leicht den Eindruck einer unberechtigten Schematisierung macht (ein Vorwurf, der in neuerer Zeit wieder von Theoretikern den Klassifikationsgesellschaften gemacht wird), so ist es doch gerade für diejenigen Werften und Rhedereien, welche nur gute Schiffe bauen und besitzen wollen, von großem Wert, wenn solche Vorschriften die Gefahr verhüten, daß weniger gewissenhafte Reedereien und Werften zur Preisverminderung die zulässigen Grenzen unterschreiten.

Die erwähnten Tabellen haben im wesentlichen, mit zunehmender Größe der Schiffe erweitert, bis heute ihre Gültigkeit behalten. Dem Fortschritt ist durch dieselben kein Hindernis in den Weg gelegt, da für Schiffe von besonderen Abmessungen und besonderer Bauart auch Abweichungen von den normalen Tabellen gestattet werden, deren Genehmigung sich allerdings Lloyds Register mit Recht vorbehält.

Die weitere Entwickelung des Segelschiffes in England unterscheidet sich nicht wesentlich von der anderer Länder und bietet kein so hervorragendes

Moment wie die bisher erwähnten; sie ist beherrscht von den zwei Gesichtspunkten:

1. Zunahme der Größe,
2. Übergang vom Holz zum Eisen und später zum Stahl.

Die allgemeine Entwickelung ist aus den Kurven Fig. 11, 12 und 57 zu entnehmen. Beispiele einer älteren Viermastbark geben Fig. 4, eines Viermastvoll-

„Lord Wolseley"
geb. 1883 bei Harland & Wolff, Belfast.*)
L = 93,94 m. B = 13,07 m. Raumtiefe = 7,62 m. Br.-Reg.-To. 2577. Netto-Reg.-To. 2518.

Fig. 4.

schiffes Fig. 5, 6 und 7. (8.) Zur Zeit das größte englische Segelschiff und gleichzeitig die größte Viermastbark der Erde ist „Daylight", gebaut 1902, von der ein Bild in Fig. 8 beigegeben ist. Bemerkenswert ist, daß dieses Schiff noch eine besondere Marsstenge und nicht, wie sonst üblich, Untermast und Stenge in einem Stück, besitzt. Die Abmessungen nach Lloyds Register betragen:

Länge 107,13 m, Breite 14,96 m, Raumtiefe 8,6 m, Seitenhöhe 9,19 m, Reg.-Tons-Brutto 3756, Netto 3599.

*) Später unter deutscher Flagge als „Columbia" gefahren: 1902 entmastet, von Moran Bros.-Seetle zum 6-Mast-Schoner umgebaut, erhielt den Namen „Everitt G. Griggs", und kam 1906 als erstes derartiges Schiff nach Sydney.

Die Tragfähigkeit soll nach Angaben des Kapitäns 6000 t betragen, was im Vergleich zum Registertonnengehalt etwas reichlich erscheint.

Obgleich in England für französische („La France“ Fig. 10) und deutsche („Maria Rickmers“) Rechnung Fünfmast-Raaschiffe gebaut sind, hat merkwürdigerweise keine englische Reederei ein Fünfmastschiff in Fahrt.

Frankreich.

Um die Mitte des vorigen Jahrhunderts, wo unsere Betrachtung der Entwickelung der Segelschiffe etwa beginnt, finden wir auch Frankreich in der Reihe der Völker, welche vorzügliche Segelschiffe bauen und besitzen. Die von Augustin Normand père, 1850—53 gebauten Clipper „Commerce de Paris“, „France et Chili“, „Carioca“, „Petropolis“, „Paulista“, geben den in dieser Zeit in Amerika und England gebauten nichts nach; auch diese Schiffe haben sich durch schnelle Reisen einen Namen gemacht.

Einige Angaben über dieselben dürften daher von Interesse sein. (8.)

Länge über Steven in d. Ladewl.	48,6	Deplacement . . . . . . t	1179
Breite äußerste	9,8	„ -Koeffizient . . .	0,402
Tiefgang, hinten	5,53	Besatzung 30 Mann	
„ vorn	4,83		

Segelriß s. Fig. 9.

Seit der Zeit behält Frankreich seinen Ruf unter den Segelschiffahrt treibenden Nationen. Die bekannteste Reederei ist die Firma Ant. Dom, Bordes et Fils-Paris, Bordeaux und Havre.

In den letzten Jahrzehnten ist die Entwickelung der Segelschiffahrt in Frankreich beherrscht durch die Schiffahrtsgesetze. Nachdem etwa seit 1870 der Bestand der Schiffe und besonders der Segelschiffe in Frankreich stetig abgenommen hatte (s. Fig. 57 u. Anhang Ia), wurde zur Hebung der Schiffahrt das Gesetz vom 29. Januar 1881 erlassen. Das Gesetz bewilligt Bauprämien und Fahrtprämien, letztere für im Inland gebaute Schiffe doppelt so hoch, als für im Ausland gebaute, aber nur bis 1891. Der Erfolg war eine erhöhte Bautätigkeit in den ersten Jahren, die aber gegen Ende der Gültigkeit des Gesetzes sehr bald wieder abflaute.

Als Folge dieses Gesetzes können wir aber wohl den Bau des ersten eisernen französischen Viermastvollschiffs „l'Union“*) der Firma Bordes be-

*) Das älteste Viermastvollschiff aus Holz ist nach Naval Chronicle Vol. VII, 1802 der Kaperkreuzer „L'Invention“; Abbildung und kurze Notiz auch in Encyclopädia Britannica 1901.

Additional information of this book

(Die Grossen Segelschiffe); 978-3-642-51283-4; 978-3-642-51283-4_OSFO1) is provided:

http://Extras.Springer.com

trachten, in Greenock 1882 gebaut (10 a); es folgen eine Reihe weiterer großer Segelschiffe, zum großen Teil im Ausland gebaut, z. B. 1890, die erste Fünfmastbark „France“, ebenfalls für die Firma Bordes in Greenock gebaut (s. Fig. 10a und b). (10 b; 11.)

Englische Viermast-Bark „Daylight“.

geb. 1902 bei Russell, Port Glasgow.

L. = 107,13 m; B. = 14,96; DH. = 8,10; H. = 9,19; Br.-R. T. 3756; N.-R.-T. = 3599.

Fig. 8.

Trotz dieser vereinzelten Lichtpunkte in der Entwickelung der Segelschifffahrt nahm in Frankreich die Zahl der Segelschiffe über 50 Reg.-Tons im ganzen stetig weiter ab, von 514000 t im Jahre 1881/82 auf 257000 im Jahre 1893/94. (9.) Ein neues Gesetz vom 30. Januar 1893 (Anhang Ib.) begünstigt daher die Segelschiffahrt durch erhöhte Fahrtprämien; es bewilligt für 1000 Seemeilen Fahrt für in Frankreich gebaute Schiffe:

1,10 Frcs. pro Brutto-Registertonne für Dampfer,
1,70 „ „ „ „ „ Segler.

Dieses Gesetz bedeutet einen der wichtigsten Abschnitte in der Geschichte der neueren Segelschiffahrt.

Für den französischen Segelschiffbau war der Erfolg durchschlagend. Unter der Wirkung dieses Gesetzes wurden gebaut (in Eisen und Stahl) 1893—1902 im ganzen 228 Segelschiffe mit 510 000 Br.-Reg.-Tons, Durchschnittsgröße 2240 Br.-Reg.-Tons, also fast durchweg große Schiffe, (Anhang I d) und es vermehrte sich die französische Seglerflotte von 1893—1903 von 257 000 t auf 535 000 t, also auf mehr als das Doppelte. Aus dieser Zeit stammt die große Zahl der modernen französischen Viermastschiffe.

Da die Prämie für die Brutto-Registertons bezahlt wurde, war es eine natürliche Folge, daß diese Schiffe große Aufbauten erhielten, Brückenhaus oder lange Poop, die dann für die Besatzung gute Unterkunftsräume hergeben. Das ist aber vielleicht auch das einzige Gute, was das Gesetz geschaffen hat.

So belebend das Gesetz auf den Bau der französischen Segelschiffe gewirkt hat, so schwer hat es die internationale Segelschiffahrt geschädigt.

Ein einfaches Beispiel möge die Wirkung der Prämien erläutern:

Eine französische Viermastbark von 3000 Br.-Reg.-Tons oder 4500 t Tragfähigkeit ist in der Salpeterfahrt beschäftigt. Von der Bauprämie wird abgesehen; obgleich dieselbe für dieses Schiff ca. 160 000 M. beträgt, ersetzt sie doch nur etwa die Mehrkosten des Baues in Frankreich über die in England gebauten Schiffe.

Die Fahrt vom Kanal nach Nord-Chile beträgt auf den direkten Dampferweg, der für die Prämienberechnung maßgebend ist, rund 9500 Meilen. Das französische Schiff würde also für eine Hin- und Rückfahrt 2 . 9 500 . 3000 . 1,70 = 96 900 Frcs. = 77 520 M. Prämie erhalten.

Ein deutsches oder englisches Schiff gleicher Größe kann, indem es, wie vielfach nötig, in Ballast hinausgeht, bei einer Rückfracht von 20 M./t auf derselben Reise verdienen:

4500 . 20 = 90 000 M.

Davon gehen ab die Kosten für Laden und Löschen. Wenn nun das französische Segelschiff überhaupt keine Ladung nimmt, sondern nur in Ballast hin und her fährt, so spart es Kosten und Zeit für Löschen und Laden, und

Additional information of this book

(Die Grossen Segelschiffe); 978-3-642-51283-4; 978-3-642-51283-4_OSFO2) is provided:

http://Extras.Springer.com

kann außerdem in Ballast schnellere Fahrten machen, ist also wohl imstande, volle zwei Reisen pro Jahr auszuführen, während das englische oder deutsche Schiff mit der Rückladung 13—14 Monate für zwei volle Reisen braucht.

Es ergibt sich daraus, daß auf Grund des erwähnten Gesetzes das französische Schiff, welches ohne Ladung in Ballast hin und her fährt, im Jahr mindestens ebenso viel, wahrscheinlich sogar mehr an Prämien verdient, als ein anderes Schiff an Frachten für die Rückfahrt. So sinnlos dieses Ergebnis ist, soll es doch vorgekommen sein, daß französische Schiffe nur Ballast fuhren und sich nicht schlecht dabei gestanden haben.

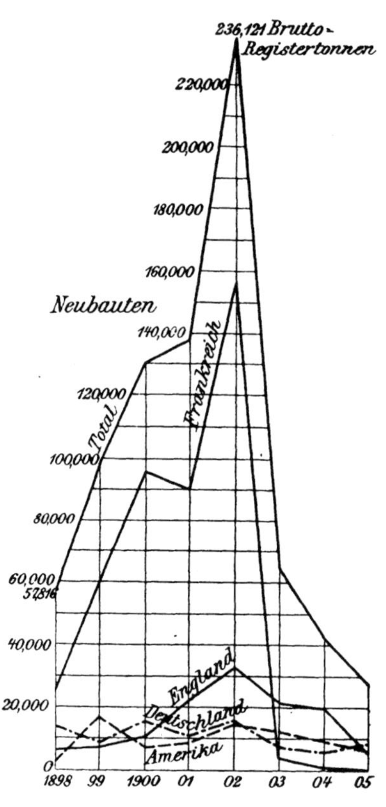

Fig. 11.

Auf die Dauer wird ein solcher Zustand unhaltbar; dem französischen Staat wurden die Ausgaben mit der Zeit doch zu hoch. (12) In den letzten 10 Jahren sind in Frankreich rund 250 Mill. Frcs. an Werften und Reedereien bezahlt worden, in den letzten Jahren rund 40 Mill. pro Jahr! (Anhang Ie.) Es sind daher durch das Gesetz vom 7. April 1902 (Anhang Ic) die Schiffahrtsprämien, besonders für die großen Segelschiffe, wesentlich reduziert worden, indem die großen Schiffe von mehreren 1000 Reg.-Tons nicht mehr Prämie erhalten, als ein Schiff von 1000 Reg.-Tons. Außerdem ist eine Bestimmung aufgenommen, welche das sinnlose Hin- und Herfahren in Ballast unmöglich macht. Der Erfolg zeigt sich überraschend in der Bautätigkeit; seit dem die Wirkung des Gesetzes von 1893 aufgehört hat, seit 1903, ist kein einziges großes Segelschiff mehr in Frankreich auf Stapel gesetzt, während noch 1902 60 Schiffe mit 156000 Reg.-Tons gebaut worden sind (Fig. 11). Die bis 1902 gebauten Schiffe beziehen die durch das Gesetz von 1893 geschaffenen Fahrtprämien bis 10 Jahre nach ihrer Fertigstellung; die Prämien nehmen zwar dauernd ab, betragen aber im 10. Jahre immer noch 1,10 Frcs. pro Brutto-Registertone und 1000 Meilen. Wenn durch das Gesetz von 1902 auch die Möglichkeit für eine Besserung gegeben ist, so werden sich doch für längere Zeit noch die Folgen dieser nicht dem Bedürfnis entsprechenden Bautätigkeit bemerkbar machen. Die billig gebauten französischen Schiffe werden noch bis 1912 gute Prämien beziehen und können daher noch bis dahin die Frachten unter das gesunde Maß drücken.

Wasserballast.

Bei der Betrachtung der französischen Verhältnisse soll auch die Frage des Wasserballasts besprochen werden, welche gerade für die französischen Schiffe besondere Bedeutung gewonnen hat.

Seit den 80er Jahren wurden eine Anzahl großer französischer Segelschiffe mit Doppelboden und später auch mit Hochtanks für Wasserballast gebaut. Als Beispiele seien hier die ersten derartigen Schiffe der Firma A. D. Bordes angeführt: (13.)

		Gebaut	Br.-Reg.-Tons	Wasserballast			
„A. D. Bordes“ .	Viermastvollschiff	1884	2384	Doppelboden auf ganze Länge 500—600 t			
„Tarapaca“. . .	Viermastvollschiff	1886	2660				
„Cap Horn“ . .	Viermastbark	1888	2843	Doppelboden	600 t	Hochtank	1150
„Nord“	Viermastbark	1889	3300	„	800 „	„	1115
„France“ . . .	Fünfmastbark	1890	3942	„	750 „	„	1200

Die letzten 3 Schiffe haben eine Reihe Überseereisen nur mit Wasserballast ausgeführt. 1889 umfuhr die „Cap Horn“ als erstes Segelschiff nur mit Wasserballast das Cap Horn.

Diesen Beispielen folgte um 1890 eine große Anzahl von großen Segelschiffen.

Während aber bei den Dampfern seit Einführung des Doppelbodens der Wasserballast stetig weiter ausgebildet worden ist, und wir heute keine größeren Dampfer ohne Doppelboden bauen, finden wir bei den meisten Segelschiffen in der neueren Zeit weder Hochtank noch Doppelboden, oder letztere nur so groß bemessen, daß das Schiff ohne Ladung sicher im Hafen stehen und verholt werden kann. Ein erneutes Beispiel, wie verschiedenartig Dampfer und Segelschiffe behandelt werden müssen.

Der Wasserballast ist, abgesehen von besonderen Fällen, für ein Segelschiff nicht notwendig und in den meisten Fällen sogar gefährlich.

Bekanntlich ist Wasserballast und Doppelboden entstanden in der Kohlenfahrt von Newcastle—London aus Mangel an Rückfracht von London. Je kürzer die Fahrt, um so wichtiger wird es, mit Ballastnehmen und Löschen so wenig Zeit als möglich zu verlieren. Dieser Gesichtspunkt kommt für große Segelschiffe in langer Fahrt nicht in Betracht, da sie nur selten, vielleicht nur 2 mal im Jahre in die Lage kommen, Ballast zu nehmen. Da ist es doch zum mindesten sehr zweifelhaft, ob hierfür der teuere Einbau eines Doppelbodens oder gar Hochtanks mit der notwendigen Pumpenanlage zweckmäßig wird.

Der Gesichtspunkt der Sicherheit durch die Doppelböden bei Strandungen fällt gleichfalls weniger ins Gewicht, wie bei Dampfern, weil die Segelschiffe auf ihrer Fahrt weit seltener in die Nähe von Küsten kommen, als die Dampfer, welche mehr Häfen anlaufen und überhaupt auf ihren Fahrten sich mehr in der Nähe der Küsten halten.

Doppelboden und Hochtank haben aber auch folgende direkte Nachteile:

1. Durch den Doppelboden kommt der Schwerpunkt leichter Ladung, welche den ganzen Raum ausfüllt, zu hoch; die Stabilität wird zu gering;
2. der Hochtank wird als Laderaum schlecht verwendbar, da derselbe mit Rücksicht auf Stabilität und Sicherheit horizontal und vertikal durch wasserdichte Schotten in kleine Abteilungen geteilt werden muß.

Direkt gefährlich aber kann der Wasserballast in zwei Fällen werden:

1. Bei Wasserballast kann der Kapitän während der Fahrt die Stabilität nicht ändern. Das Leeren und Füllen einzelner Abteilungen auf See ist schon für einen Dampfer nicht ratsam, wird für Segelschiffe aber durch die Verringerung der Stabilität bei halb gefüllten Tanks direkt gefährlich. Da aber die beste Stabilität in Ballast, wenigstens für etwas abweichende Bauart und Größen, vorher durch Rechnung nicht ermittelt werden kann, sondern am sichersten während der ersten Fahrt durch Umstauen von festem Ballast erprobt wird, so kann gerade bei der ersten Fahrt, welche für ein Segelschiff an sich schon vielerlei Gefahr mit sich bringt, eine falsche Lage des Wasserballastes durch zu große oder zu geringe Stabilität schwere Havarie oder Verlust des Schiffes zur Folge haben.
2. Die größte Gefahr des Wasserballastes aber liegt in der Möglichkeit des Leckspringens durch die Beanspruchung des Schiffes. Ein einziges leckes Niet läßt bei tagelang schwerem Wetter schon so viel Wasser in die Bilge, daß durch das Überschießen desselben und das Schlagen des Wassers in den nicht mehr vollen Tanks, welches neue Leckage hervorruft, die Stabilität schwer beein-

trächtigt wird. Bedenkt man dabei, daß in schwerem Wetter alle Mann an Deck vollauf beschäftigt sind und keine Hand zur Bedienung der Pumpen oder Dichten der Leckagen frei ist, so wird es klar, daß scheinbar geringfügige Leckagen von Wasserballasttanks den Untergang von Segelschiffen in schwerem Wetter zur Folge haben können.

Neuere Verlustserien 1891/92 und 1899/1900.

In den Jahren 1891/92 sind nicht weniger als 11 große Segelschiffe, meist englische und französische Viermastschiffe, über 2000—3000 Reg.-Tons verloren gegangen, verlassen oder gekentert, zum größten Teil aber verschollen. (An-

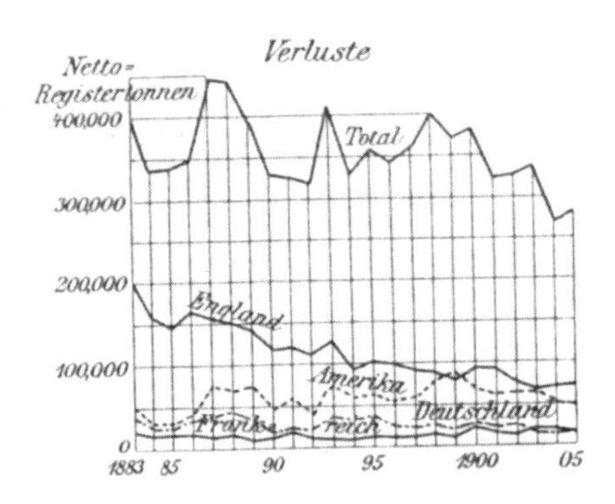

Fig. 12.

hang If.) Bei diesen Unfällen muß man die allgemeine Ursache ebenso, wie bei der ersten Verlustserie in den Jahren 1873/74 (s. S. 13) darin suchen, daß Größe, Bauart und Takelung dieser Schiffe wesentlich von dem bis dahin Üblichen und Bewährten abwichen. Insbesondere aber wurde in mehreren Fällen als Ursache die falsche Stabilität erkannt, verursacht durch ungenügend gefüllte oder bei homogener Ladung leere Wasserballasttanks. (14. Einltg. z. 15.)

Eine zweite Serie von Unfällen, hauptsächlich französischer Schiffe, insbesondere Leckagen und Takelageschäden, erregte in den Jahren 1899/1900 die Aufmerksamkeit der Beteiligten.

Da diese Unfälle nicht besonders große, sondern mittlere Schiffe betrafen, so muß die allgemeine Ursache in der schnellen Vermehrung der französischen Segelschiffsflotte in den 90 er Jahren infolge des Schiffahrts-

Additional information of this book

(Die Grossen Segelschiffe); 978-3-642-51283-4; 978-3-642-51283-4_OSFO3) is provided:

http://Extras.Springer.com

gesetzes von 1893 gesucht werden. Werften und Reedereien, plötzlich mit vielen Neubauten beschäftigt (s. Fig. 11), mußten erst die Erfahrung im Bau der Schiffe sammeln, und es wird auch wohl nicht immer für alle diese Neubauten eine genügend erfahrene Mannschaft vorhanden gewesen sein. Die Ermittelung der besonderen Ursachen für diese Unfälle der französischen Segler hat zu einer Preßfehde (15. 16. 17.) zwischen dem Internationalen Versicherungsverband und dem Bureau Veritas geführt, da letztere Gesellschaft, im Verein mit der „Revue generale de la Marine marchande" die Behauptung zu widerlegen suchte, daß Mängel in der Bauart und der Führung der französischen Schiffe die Ursachen der großen Zahl von Havarien gewesen sind. Jedenfalls hat diese Preßfehde den Erfolg gehabt, daß die Meinungen geklärt und in neuerer Zeit die damals gemachten Fehler nach Möglichkeit vermieden worden sind.

Deutschland.

In den Anhängen II a—l sind alle auf deutschen Werften in Eisen oder Stahl gebauten großen Segelschiffe (von Viermastbark an) mit ihren Hauptabmessungen aufgeführt, soweit sich dies unter der bereitwilligen Mitwirkung der Werften ermitteln ließ. Die Tabelle Anhang IIm gibt eine Zusammenstellung der auf den verschiedenen Werften gebauten Schiffe nach Zahl und Brutto-Registertonnen in Zeitabschnitten von 5 Jahren von 1856—1905.

Hiernach ist die Bark „Deutschland", 1858 auf der Reiherstiegs-Werft in Hamburg für Rechnung der Hamburg-Amerikanischen Packetfahrt A.-G. gebaut, das erste große deutsche Segelschiff gewesen, welches aus Eisen auf einer deutschen Werft hergestellt worden ist. Bis zum Jahre 1870 ist die Reiherstiegs-Werft die einzige geblieben, welche große eiserne Segelschiffe baute. Im Anfang der 70er Jahre beginnen die Bremer Schiffbau-Gesellschaft vormals H. F. Ulrichs, die Flensburger Schiffsbau-Gesellschaft und die Aktien-Gesellschaft Weser-Bremen gleichfalls mit dem Bau eiserner Barken und Vollschiffe. Es folgen im Laufe der folgenden Jahrzehnte noch weitere 7 Werften an der Nordsee und Ostsee; von diesen 11 Werften beschäftigen sich aber heute nur noch 3 mit dem Bau großer eiserner oder stählerner Segelschiffe: Blohm & Voß — Hamburg (seit 1880), Joh. C. Tecklenborg - Geestemünde (seit 1886), Rickmers - Bremerhaven (seit 1894), während die übrigen diese Art des Schiffbaues aufgegeben haben.

Die meisten Schiffe der genannten Art hat die Reiherstieg Schiffs-

„Dorade“ (ex Julio Teodoro)

geb. 1886 von der Flensburger Schiffsbau-Gesellschaft.

L = 71,63 m. B = 10,91 m. D = 6,43 m. Br.-Reg.-Tons 1251. Netto-Reg.-Tons 1170.

Fig. 17.

Phot.: Flensburg.

Additional information of this book

(Die Grossen Segelschiffe); 978-3-642-51283-4; 978-3-642-51283-4_OSFO4) is provided:

http://Extras.Springer.com

„Philadelphia"

geb. 1892 bei Joh. C. Tecklenborg-Geestemünde. Reederei Joh. Wallenstein, Geestemünde.

L = 77,72 m. B = 11,86 m. D = 7,04 m. Br.-Reg.-Tons 1805. Netto-Reg.-Tons 1710.

Fig. 27. Phot.: W. Sander-Geestemünde.

werfte gebaut (31 Schiffe), die größte Anzahl der Registertonnen hat Blohm & Voß-Hamburg, rund 40 000 Br.-Reg.-Tons, dem die Bremer Schiffbau-Gesellschaft mit 38 000 Br.-R.-Tons und Joh. C. Tecklenborg-Geestemünde mit etwa 36 000 Br.-Reg.-Tons nahe kommt. Letztere Werft hat sich durch den Bau der ersten deutschen Fünfmastbark „Potosi" (1895) und des ersten Fünfmast-Vollschiffs „Preußen" (1902), beide zu ihrer Zeit die größten Segelschiffe der Erde, einen Weltruf erworben.

Die erste deutsche Viermastbark baute Blohm & Voß 1885; dieser Typ ist in neuerer Zeit, in Deutschland wie im Ausland, der beliebteste geworden; es fällt auf, daß ein Viermast-Vollschiff in Deutschland bisher noch nicht gebaut worden ist.

Der Anhang IIm läßt erkennen, daß der Segelschiffbau in Deutschland sich, abgesehen von der Periode 1871—75 (wo der Segelschiffbau auf der ganzen Erde infolge der Eröffnung des Suezkanals zurückgegangen ist) nach der Zahl, und besonders nach dem Tonnengehalt, dauernd gesteigert bis zum Abschnitt 1891—95, wo mit rund 64 000 Br.-Reg.-Tons der Höhepunkt erreicht wird; dann hört der Segelschiffbau nahezu auf und erst in dem letzten Jahrfünft beginnt eine Zunahme der Bautätigkeit mit rund 26 000 Br.-Reg.-Tons. Die mittlere Größe der Schiffe hat seit 1861 dauernd, erst langsam, in letzter Zeit ganz erheblich, zugenommen und betrug

1861—65	625	Br.-Reg.-Tons
nach 20 Jahren, 1881—85	1179	„
nach weiteren 20 Jahren, 1901—05 . . .	3291	„

Die Typen der in Deutschland gebauten großen Segelschiffe (Barken, Vollschiffe, Viermastbarken, Fünfmastbarken, Fünfmast-Vollschiffe) sind — nach den in zuvorkommendster Weise von den Werften zur Verfügung gestellten Originalzeichnungen — so ausgewählt und in gleichem Maßstabe dargestellt (Fig. 13—37), daß sie zusammen mit den Listen Anhang II a—l ein umfassendes Bild des deutschen Segelschiffbaus in den letzten Jahrzehnten darstellen. Naturgemäß spiegelt sich in diesen Beispielen die Entwickelung der großen Raaschiffe der anderen Nationen wieder. Wir sehen in den älteren Schiffen (Fig. 21) noch die ungeteilten Mars- und Bramsegel, und finden dort noch über den Bramsegeln die Skeisegel (Fig. 22, 23, 24). Die älteren Schiffe (Fig. 19 und 24) haben noch teilweise hölzerne Masten, Stengen und Raaen, welche heute fast durchweg aus Stahl zusammengenietet werden. Erst in der neuesten Zeit kann Deutschland den Anspruch erheben, nicht nur den anderen Nationen (insbesondere England

Additional information of this book

(Die Grossen Segelschiffe); 978-3-642-51283-4; 978-3-642-51283-4_OSFO5) is provided:

http://Extras.Springer.com

„Hera“ (ex Richard Wagner)

geb. 1886 bei Joh. C. Tecklenborg-Geestemünde. Reederei B. Wencke Söhne, Hamburg.

L = 84,4 m. B = 12,5 m. D = 7,3 m. Br.-Reg.-Tons 2084. Netto-Reg.-Tons 1994. Tragfähigkeit 3200 t.

Fig. 29.

Phot.: W. Sander-Geestemünde.

und Frankreich) nachgebaut zu haben, sondern in der Entwickelung der größten Segelschiffe vorangegangen zu sein.

Leider ist es nicht möglich gewesen, von allen Haupttypen aus den verschiedenen Jahrzehnten Abbildungen von Modellen zu erhalten. Die beigegebenen Abbildungen (Fig. 38a—42b) zeigen einzelne Haupttypen, von denen auf den Werften Modelle vorhanden sind. Die Photographien sind in gleichem Maßstabe dargestellt und geben daher ein gutes Bild der Entwickelung, der Größe und Form und der Änderungen in der Takelung.

Fig. 38 a und b (Institut für Meereskunde, Berlin) ist der Typus der älteren hölzernen Vollschiffe mit geteilten Marssegeln, mit Deckhaus für die Mannschaft, Anker hängend an den Bugbalken, Untermast und Marsstenge getrennt, ebenso Bugsprit und langer Klüwerbaum.

Fig. 39 a und b (Blohm & Voß, Hamburg). Bark „Flora" aus dem Jahre 1880, s. a. Fig. 14.

Fig. 40 a und b (Rickmers-Bremerhaven). Viermastbark „Herzogin Cecilie", Schulschiff des Norddeutschen Lloyd, s. a. Fig. 31.

Fig. 41 a und b (Blohm & Voß). Viermastbark „Petschili", reines Frachtschiff.

Fig. 42 a und b Fünfmast-Vollschiff „Preußen" (Tecklenborg-Geestemünde). Ein vorzüglich durchgearbeitetes Modell, für welches die Firma auf der Weltausstellung in St. Louis die goldene Medaille erhielt, s. Fig. 37.

Ein ähnliches großes Modell des „R. C. Rickmers" ist in Mailand ausgestellt gewesen.

Während der Unterschied in der Größe zwischen Fig. 38a und 42a sehr bedeutend ist, zeigen die Vorderansichten (Fig. 38b—42b) der alten kleinen und neuen großen Schiffe verhältnismäßig geringe Unterschiede. Die Höhe der Masten und Länge der Raaen der größten modernen Schiffe sind nicht wesentlich größer als die der alten.

Einen anschaulichen Vergleich der „Preußen" mit der Länge der Technischen Hochschule und der Höhe der Siegessäule zeigt Fig. 43.

Als weiteres Beispiel der Entwickelung der deutschen Segelschiffahrt ist im Anhang IIIa die Schiffsliste der größten deutschen Segelschiffs-Reederei F. Laeisz-Hamburg beigegeben; aus derselben ist zu erkennen der Übergang vom Holzschiff zum Eisen- und Stahlschiff, dann die stetig zunehmende Größe, seit 1891 der Ersatz der alten Barken und Vollschiffe durch große

Additional information of this book

(Die Grossen Segelschiffe); 978-3-642-51283-4; 978-3-642-51283-4_OSFO6) is provided:

http://Extras.Springer.com

„Potosi“
geb. 1895 bei Joh. C. Tecklenborg-Geestemünde.

Fig. 34.

Phot.: W. Sander-Geestemünde.

„R. C. Rickmers“
geb. 1906 bei Rickmers-Bremerhaven.

Fig. 35.

Phot.: W. Sander-Geestemünde.

Additional information of this book

(Die Grossen Segelschiffe); 978-3-642-51283-4; 978-3-642-51283-4_OSFO7) is provided:

http://Extras.Springer.com

Siegessäule.

Gebäude der Technischen Hochschule, Östliche Hälfte.

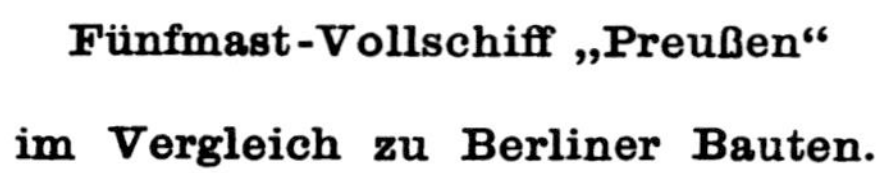

Fünfmast-Vollschiff „Preußen“

im Vergleich zu Berliner Bauten.

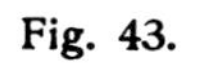

Fig. 43.

Vier- und Fünfmastschiffe; ferner zeigt die Liste, daß der Germanische Lloyd das Bureau Veritas fast vollständig verdrängt hat. Als besonders erfreulich ist noch hervorzuheben, erstens, daß die Reederei seit 1865, nur mit 2 Ausnahmen (lfd. Nr. 42 und 46), alle Schiffe in Deutschland hat bauen lassen (fast ausschließlich bei Blohm & Voß und Joh. C. Tecklenborg), und zweitens die außerordentlich geringe Zahl von Verlusten. Während sonst nach der Statistik des Bureau Veritas (s. Fig. 12 und 57) rund 3 % der Segelschiffe pro Jahr verloren gehen, beträgt der Prozentsatz bei Laeisz nur 0,90 %; von den großen Vier- und Fünfmastschiffen seit 1891 ist der Firma nicht ein Einziges verloren gegangen. Sicherlich ist die geringe Zahl der Verluste mit eine Folge der ersten Tatsache. Wenn auch England die großen Segelschiffe noch billiger herstellt als Deutschland*), so ist es zweifellos, daß in Deutschland (besonders der Schiffskörper) auf den genannten Werften besser gebaut wird.

Die Reederei scheut keine Kosten, um stets die besten Schiffe und dazu die besten Kapitäne und Mannschaften zu erhalten. Und es ist dadurch der Beweis erbracht, daß die modernen großen Segelschiffe ebenso sicher sein können als die Dampfer, wenn Bauart, Instandhaltung und Führung erstklassig sind; die darauf verwendeten Kosten finden ihren Ausgleich in der geringeren Zahl der Havarien und Verluste, in dem längeren Leben der Schiffe, in schnelleren Reisen und geringen Versicherungsprämien.

Im allgemeinen ist Deutschland von so schweren Verlustserien, wie wir sie in England und Frankreich erlebt haben, verschont geblieben.

---

*) Im Jahre 1904 sind folgende große Segelschiffe in England für deutsche Rechnung gebaut worden:

1. Viermastbark „Hans" Reed. G. J. H. Siemers-Hamburg . . . . . . 3 102 Br.-Reg.-Tons geb. bei Wm. Hamilton-Port Glasgow.
2. Viermastbark „Kurt" Reed. G. J. H. Siemers-Hamburg . . . . . . 3 109 Br.-Reg.-Tons geb. bei Wm. Hamilton-Port Glasgow.
3. Viermast Schonerbark „Beethoven" Reed. A. C. de Freitas-Hamburg 2 005 Br.-Reg.-Tons geb. bei Grangemouth und Greenock-Dockgard Co.-Greenock, s. Fig. 67 und 68.
4. Viermast Schonerbark „Mozart" Reed. A. C. de Freitas-Hamburg . . 2 003 Br.-Reg.-Tons geb. bei Grangemouth und Greenock-Dockgard Co.-Greenock.
5. Vollschiff „Wellgunde" Reed. H. Fölsch & Co.-Hamburg . . . . . 1 919 Br.-Reg.-Tons geb. bei A. Rodger & Co.-Port Glasgow.

Sa. 5 Schiffe: 12 138 Br.-Reg.-Tons

Raafallen für Obermars-, Oberbram- und Royalraaen.

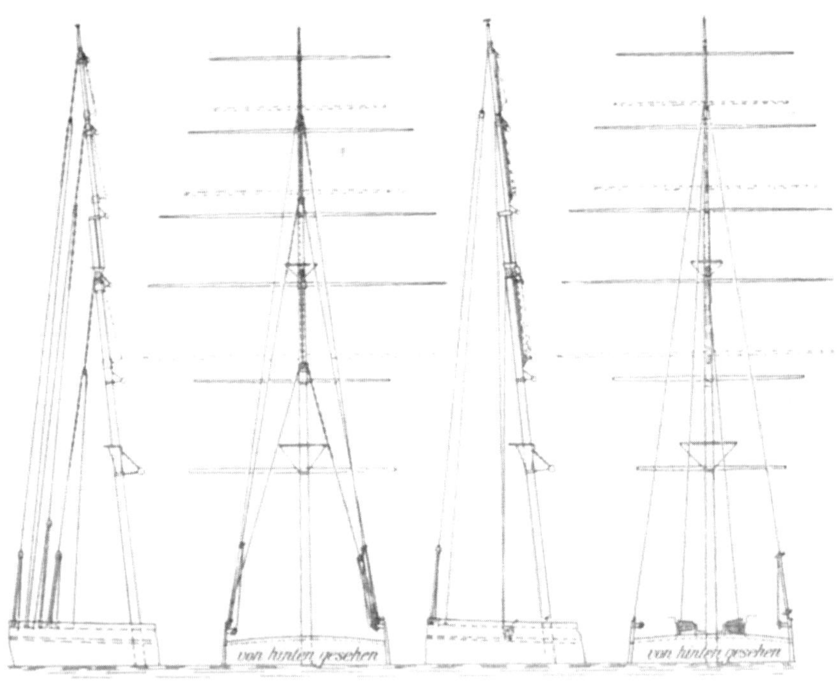

alt, mit Mantel und Takel neu, m. Winden f. Obermars- u. Oberbram-Raaen

Fig. 44.

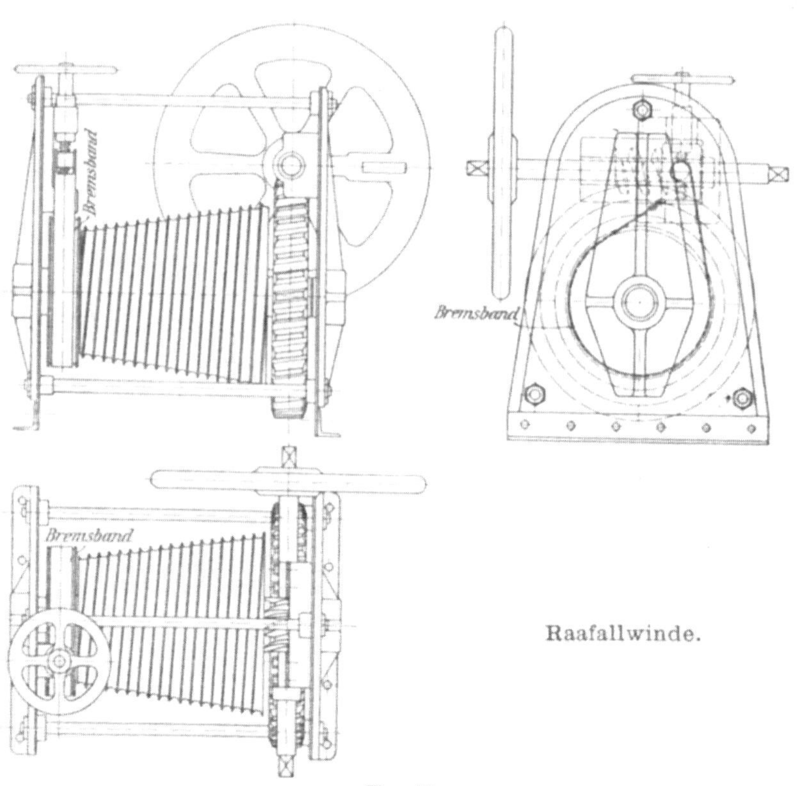

Raafallwinde.

Fig. 45.

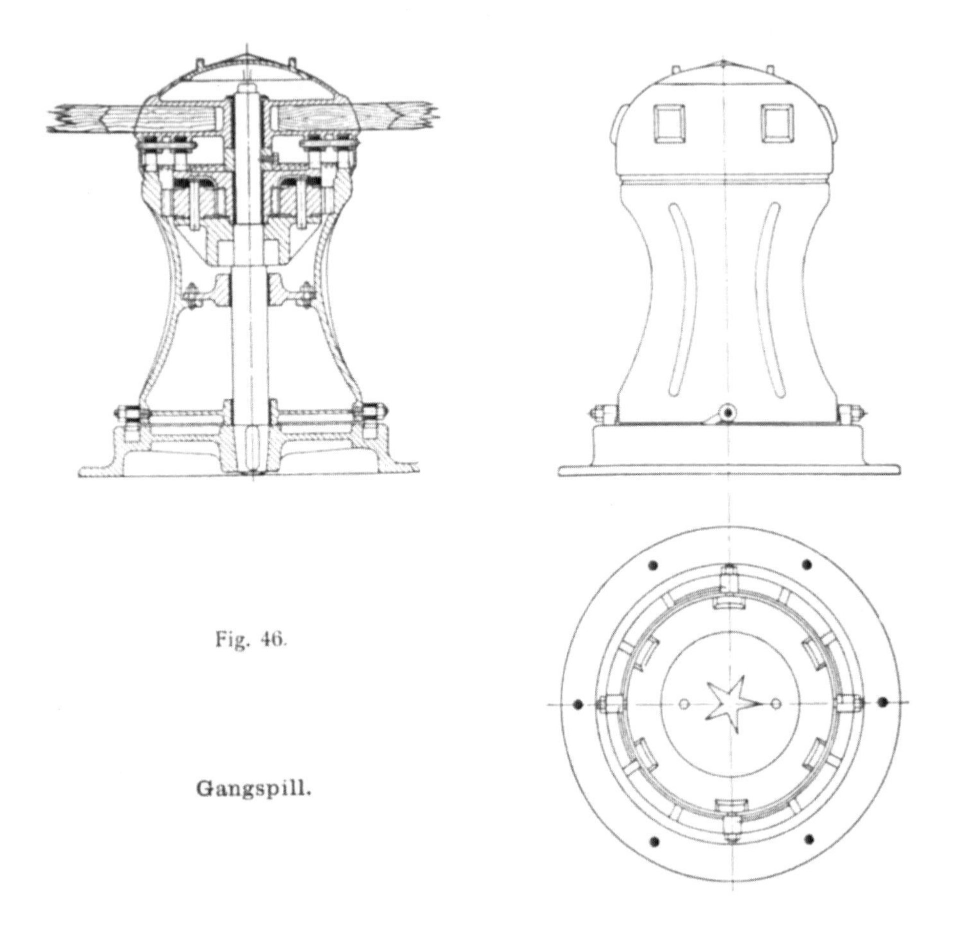

Fig. 46.

Gangspill.

Relingwinde.

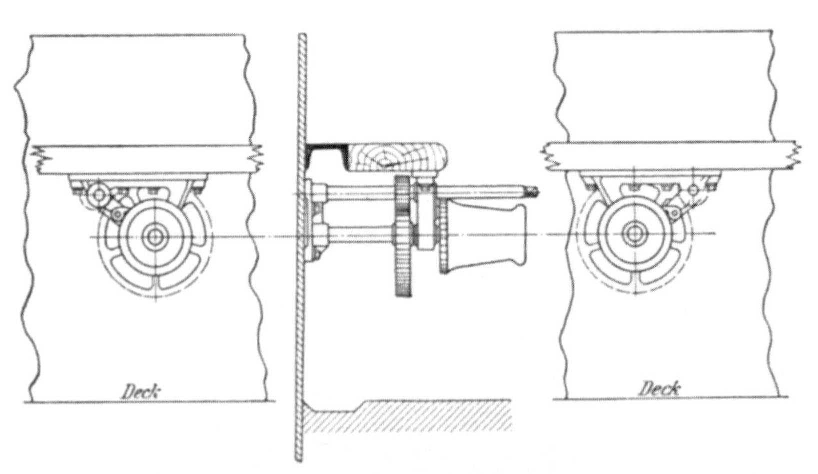

Fig. 47.

Änderungen in der Bedienung der Takelung.

Neben den Fortschritten im Bau der großen Segelschiffe, welche wir bei den besprochenen Ländern kennen gelernt haben, geht stetig das Bestreben, die Bedienung der Raaen und Segel zu vereinfachen und zu verbessern, mit dem Hauptzweck, die Mannschaft zu reduzieren.

In erster Linie ist zu nennen die Teilung der hohen Marssegel in Unter- und Ober-Marssegel, um das langwierige und bei schlechtem Wetter gefähr-

Anordnung der Schoten und Halsen für Unter- und Stagsegel.

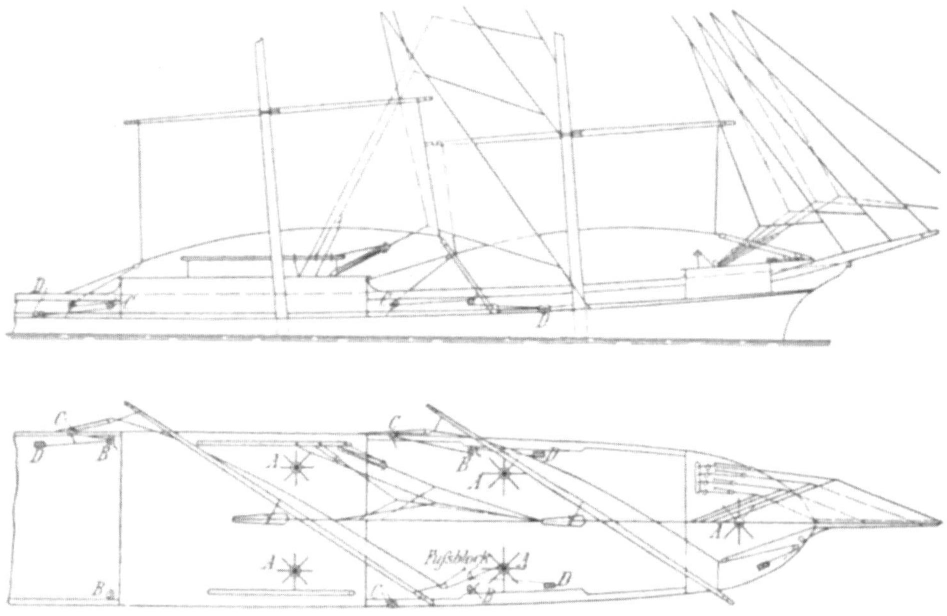

A Gangspills, B Relingwinde, C Kneifblock, D Schotenpoller.

Fig. 48.

liche Reffen zu vermeiden; später werden dann auch die Bramsegel in gleicher Weise geteilt. Durch die hinzukommenden Raaen mit ihrem stehenden und laufenden Gut vermehrt sich das Topgewicht der Takelage; dieses vermehrte Topgewicht wird dann wieder als Ursache für eine Reihe von Havarien (in erster Linie von Stengenbrüchen, aber auch vom Kentern einiger Schiffe) angesehen, sodaß die Bewegung wieder zurückflutet. Anstelle der doppelten Mars- und Bramraaen werden in den 60er bis 70er Jahren auf vielen englischen Schiffen Vorrichtungen gefahren zum Aufwickeln der Segel auf den Raaen (14. 18. 19.); von diesen ist die bekannteste das Patent Cunningham.

Braßvorrichtung eines Vollschiffes.

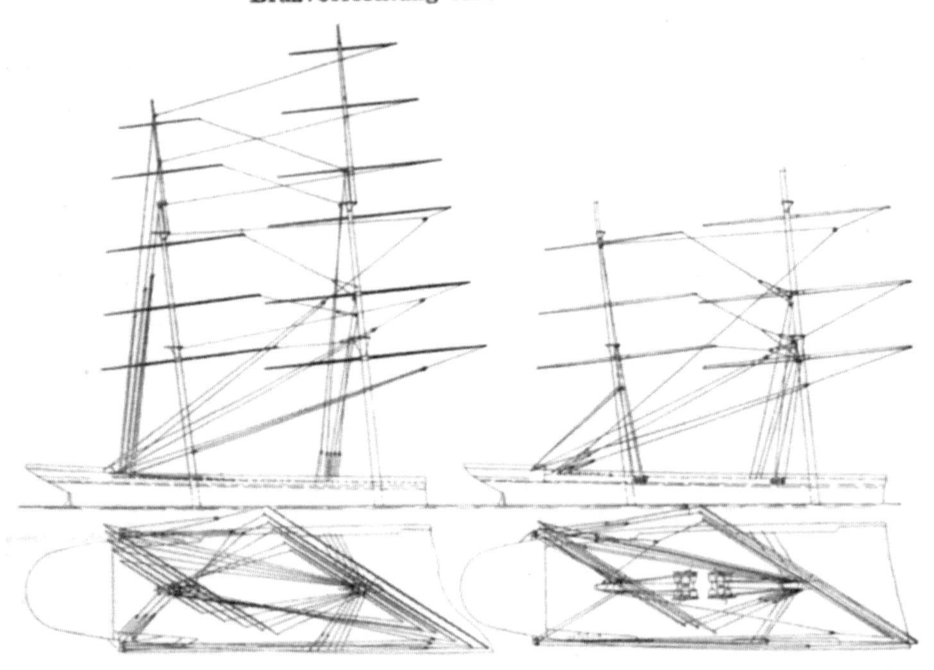

Alt, mit Handtalje. Neu, m. Winden für die drei unteren Raaen.

Fig. 49.

Braßvorrichtung einer Bark.

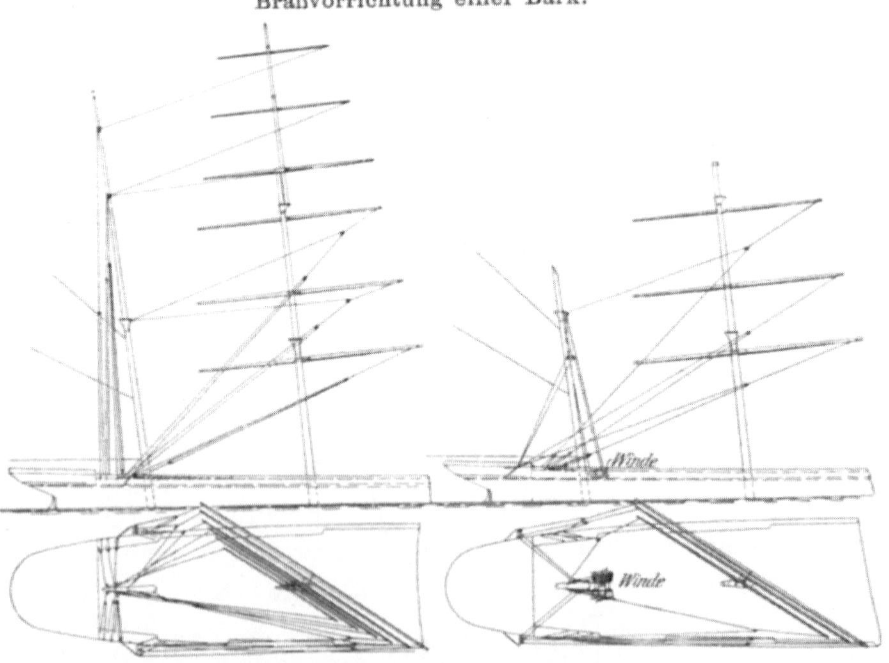

Alt, mit Handtalje. Neu, mit Winden für die drei unteren Raaen.

Fig. 50.

Soweit ermittelt werden konnte, hat sich diese Vorrichtung jedoch in Deutschland keine Freunde erworben und ist auch in den andern Ländern heute durchweg wieder durch die geteilten Raaen ersetzt worden.

Brassenwinde auf „Preußen".

Fig. 51.

Weiter werden immer mehr Hanfleinen und Ketten im laufenden Gut durch lehnigen Stahldraht ersetzt, für Fallen, Topnanten, Geitaue und in neuester Zeit auch für die Gordings und die Schoten der Untersegel, während für die Schoten an den Raaen die Ketten beibehalten werden.

Die wichtigste Neuerung besteht aber darin, daß man angefangen hat, das Lieblingshandwerkzeug des Seemanns, die Handtalje, durch Winden zu ersetzen. Auf neueren Schiffen finden wir fast durchweg Obermars- und Oberbram-Fall durch Kurbelwinde bedient (Fig. 44 u. 45), früher mit Zahnradübersetzung, heute selbstsperrend mit Schneckentrieb (s. Fig. 45).*) Auch Schoten und Halsen der Untersegel werden mit Gangspillen oder Relingwinden*) (s. Fig. 46 u. 47) steif geholt (Fig. 48).

Den größten Fortschritt aber, ja man kann sagen, den einzig wirklich größeren Fortschritt in der Bedienung der Takelung stellen die Brassenwinden*) dar, welche von dem englischen Kapitän Jarvis erfunden und von ihm selbst auf seinem Schiffe eingehend erprobt und zu ihrer heutigen Gestalt ausgebildet worden sind, welche Sicherheit mit der großer Einfachheit vereinigen. Einen Vergleich der Handbrassen mit der Einrichtung für Brassenwinden stellen im Schema die Figuren 49 und 50 für Vollschiffe und Barkschiffe dar. Die Aufstellung der Brassenwinde vor dem Laeisz-Mast (dem vierten von vorn) auf der „Preußen" zeigt Fig. 51.

Der bedeutende Vorteil dieser Einrichtung liegt in folgendem: Zum Brassen mit den alten Handtaljen bedurfte man für jeden Top mehrerer Mann, welche die Brassen der verschiedenen Raaen fierten und auf der andern Seite durchholten. Bei schwerem Wetter ist dies in Lee eine langwierige und gefährliche Arbeit, besonders wenn das beladene Schiff mit der Leereling durchs Wasser segelt, Seen über die Mannschaft brechen, und die langen Läufer der Brassen durch die Wasserpforten spülen oder sich an Deck bekneifen.

Mit den Winden geschieht das Brassen gleichzeitig für die 3 unteren Raaen an jedem Mast durch 2 Mann, welche mittschiffs (also geschützt und trocken) kurbeln, und zwar gleichzeitig für beide Seiten; es werden z. B. die Luvbrassen gefiert und gleichzeitig die Leebrassen geholt, sodaß die 3 Raaen in jeder Lage während des Brassens festgehalten werden. Das Herumwerfen der Raaen beim Wenden geschieht sehr leicht durch Auskuppeln der Trommeln, eine Bandbremse ermöglicht es, die Bewegung nach Belieben zu hemmen. Nach dem Brassen müssen nur noch die Strecktaljen, die vor den Brassen losgeworfen sind, kurz steif geholt werden, um die Lose aus den Brassen herauszubringen.

Es ist klar, daß durch diese Vorrichtung die Mannschaft, besonders bei Aufkreuzen gegen schweren Wind und Seegang außerordentlich geschont wird. Alle neuen großen deutschen Segelschiffe sind in den letzten Jahren mit diesen Brassenwinden ausgerüstet; merkwürdigerweise aber habe ich

*) In Deutschland hergestellt von Wetzel & Freytag, Maschinenfabrik, Hamburg.

Additional information of this book

(Die Grossen Segelschiffe); 978-3-642-51283-4; 978-3-642-51283-4_OSFO8) is provided:

http://Extras.Springer.com

noch neue italienische und französische große Segelschiffe getroffen, welche diese vorzügliche Einrichtung noch nicht besaßen.

Eine Viermastbark mit allen bisher erwähnten modernen Einrichtungen zum Bedienen der Raaen und Segel und mit dem vollständigen laufenden Gut ist in Fig. 52 beigegeben.

Zusammenstellung der Fortschritte in den letzten 50 Jahren.

Die wichtigsten Fortschritte lassen sich zusammenfassen in folgende 4 Punkte:

1. Material. Für den Schiffskörper kommt (abgesehen von Amerika) nur noch Schiffbaustahl in Frage. Holz und Eisen sind, ebenso wie für die Dampfschiffe, abgetan. Auch in der Takelage ist das Holz nahezu verschwunden, und an Stelle des Hanfs ist für das stehende Gut vollständig, für das laufende Gut, mit Ausnahme der Handtaljen, fast ganz Stahldraht getreten.

2. Bauart des Schiffskörpers. Dieselbe ist, ebenso wie s. Z. bei den Holzsegelschiffen, im Gegensatz zu den vielen Typen der Handelsdampfer, sehr gleichartig geblieben. Die meisten großen Segelschiffe haben 2 durchlaufende Decks, und nur 1 oder 2 Schotten an den Enden des Schiffes. Im Unterraum finden wir, ebenso wie bei den Dampfern, Hochspanten oder Rahmenspanten an Stelle der Raumbalken, daneben aber auch, besonders bei den größten Schiffen, der großen Querbeanspruchung entsprechend, schwere Raumbalken, welche bei großen neuen Dampfern kaum noch anzutreffen sind, da sie den Laderaum sehr behindern.

An Aufbauten ist Back und Poop vorhanden, häufig lange Poop oder Brückendeck zur Unterbringung der Besatzung. Vereinzelt werden auch noch, wie früher mehr üblich, für die Besatzung und Dampfkesselanlage besondere Deckshäuser gebaut.

3. Verminderung der Betriebskosten. Diese wird erreicht durch Vergrößerung der Tragfähigkeit und Verminderung der Besatzung. Für erstere Zwecke nimmt die Größe der Schiffe dauernd zu (s. Anhang II m). Dieselbe Erscheinung findet sich bei den Dampfern aus dem gleichen Grunde, weil mit der Größe die Tragfähigkeit wesentlich schneller wächst, als die Bau- und Betriebskosten.

Ebenso hat die Völligkeit der Segelschiffe dauernd zugenommen, während jedoch die Größe durch Erhöhung des Völligkeitsgrades bei reinen Frachtdampfern bis zum Koëffizienten 0,8 voll ausgenutzt wird (da die Völligkeit nur durch die verlangte Geschwindigkeit und Seefähigkeit beschränkt ist), können Segelschiffe nicht so voll gebaut werden, weil sie sonst zu viel Abtrift haben (die großen Schiffe in Ballast haben am Wind schon ca. 1 Strich Abtrift.) Der Koëffizient wird daher auch bei den größten und längsten Fünfmastschiffen nicht gern über 0,7 gewählt. Aus gleichem Grunde wird für Segelschiffe der Balkenkiel beibehalten, welcher bei den Dampfern der Ausnutzung des Tiefganges hat weichen müssen.

Infolge dieser beiden Punkte, beschränkte Völligkeit und Balkenkiel, ist daher bei gleicher Länge und Breite und gegebenem Tiefgang die Nettotragfähigkeit eines Segelschiffes nicht größer als die des Dampfers, obgleich bei diesem die Maschinenanlage einen erheblichen Teil der Bruttotragfähigkeit beansprucht. Günstig für das Segelschiff ist aber bei diesem Vergleich der Umstand, daß von der Tragfähigkeit des Dampfers ein erheblicher Teil für die Kohlen verbraucht wird. Es kann daher ein Segelschiff bei den angenommenen gleichen Hauptabmessungen in den meisten Fällen mehr Ladung aufnehmen als ein Dampfer.

Eine Verminderung der Besatzung ist ermöglicht worden durch Verringerung des Segelareals im Verhältnis zum Deplacement und Vereinfachung der Bedienung der Takelung.

4. Geschwindigkeit. Es ist klar, daß die vergrößerte Völligkeit und vereinfachte Takelung bei sonst gleichen Bedingungen ungünstig auf die Geschwindigkeit einwirken müssen. Trotzdem hat im ganzen genommen die Fahrtgeschwindigkeit der Segelschiffe auf großen Reisen nicht abgenommen, sondern um ein geringes zugenommen (21. d). Es ist dies zum Teil dadurch zu erklären, daß heute die Segelschiffe im Durchschnitt erheblich größer sind, und daher auch bei schlechtem Wetter und schwerem Seegang besser durchhalten können wie kleine Schiffe. Ein weiterer wichtiger Grund ist die stetig fortschreitende Wissenschaft der Wind- und Wetterkunde, mit deren Hilfe die Kapitäne heute in der richtigen Wahl der Seglerwege, welche der Jahreszeit entsprechen, und in dem Erkennen und der Behandlung der Ursachen von Sturm und Windwechsel, der Hochdruck- und Tiefdruckzentren viel sicherer geworden sind.

Die Annalen der Hydrographie, das Organ der deutschen Seewarte, ent-

Additional information of this book

(Die Grossen Segelschiffe); 978-3-642-51283-4; 978-3-642-51283-4_OSFO9) is provided:

http://Extras.Springer.com

hält eine große Zahl von Aufsätzen über schnelle Reisen deutscher Segelschiffe. (21.)

Im Anhang IIIc sind die bisher von dem Fünfmast-Vollschiff „Preußen", Kpt. B. Petersen, ausgeführten 7 Reisen wiedergegeben, welche erkennen lassen, wie gleichmäßig und schnell ein geschickter Kapitän mit einem guten Schiff in jeder Jahreszeit die gefürchtete Fahrt um das Kap Horn ausführen kann. Abgesehen von besonderen Ausnahmen kann man rechnen, daß das Schiff, ausgehend in Ballast, die ganze Reise vom Kanal nach der Westküste innerhalb von 60—70 Tagen, rückkehrend mit Ladung in 70—80 Tagen, ausführt.

Die größte Geschwindigkeit der größten heutigen Segelschiffe überschreitet trotz ihrer völligen Schiffsformen und ihrer reduzierten Takelung die mit den Schnellseglern der 60er und 70er Jahre erreichten Zahlen um einige Knoten. Die berühmtesten Clipper haben 14 Seemeilen nur ganz ausnahmsweise erreicht. (2.; 5a.) Die „Preußen" hat fast auf jeder Reise Tage mit einer Durchschnittsgeschwindigkeit von 15 und 16 Seemeilen und hat öfters durch mehrere Stunden hindurch schon 17 Seemeilen erreicht. Die großen Viermastschiffe bringen es gleichfalls öfter zu 15—16 Seemeilen. (21.)

Zum direkten Vergleich eines Schiffes vor 50 Jahren mit einem heutigen, möge die bereits erwähnte Viermastbark „Great Republic" (Fig. 53), 1854 gebaut, dienen, welche, wenn auch vom wirtschaftlichen Standpunkt aus ihrer Zeit vorauseilend, doch technisch wohl gelungen, als der Höhenpunkt des amerikanischen Clipperbaues und des Holzschiffbaues überhaupt bezeichnet werden muß. Vergleichen wir hiermit eine 1904 von einer der ersten deutschen Werften gebaute moderne Viermastbark (Fig. 54), so ergibt sich folgende interessante Zusammenstellung:

Viermastbark	1854	1904
Länge in der Ladewasserlinie .	89 m	95 m
Größte Breite	15,35 m	14
Seitenhöhe	11,89	8,5
Registertons	4000	3054
Deplacement	5375	6500
Deplacementkoëffizient	0,458	0,7
Hauptspant unter Wasser . . .	80,4 m²	88,5
Hauptspantkoëffizient	0,837	0,94

Segelfläche qm.

Fockmast	1191	854
Großmast	1286	855
Kreuzmast	923	866
Besahn	263	207
Vorgeschirr	457	241
Summa	4120 = 51,2 × ⊠	3023 = 34,2
Stagsegel	561	—
Leesegel	700	—
	5381 = 66,92	—
Segel ⊙ über C W l.	25,0 m	24,00
„ vor Mitte	4,0 „	5,10
Besatzung 100 Mann + 30 Jungen =	115 Mann	32 Mann (ausschl. Kapitän)
Tragfähigkeit . . . . 3000 t =	26 t pro Mann	4500 = 140 t pro Mann
Segelfläche (Hauptsegel) . .	pro Mann 36 qm	95 qm
„ (Alles)	pro Mann 47 qm	

Wenn also auf den ersten Blick der Unterschied nicht bedeutend erscheint, so ergibt sich doch bei eingehendem Vergleich ein großer Fortschritt nach der wichtigsten Seite, der Wirtschaftlichkeit, welcher sich vor allem in dem Verhältnis von Mannschaft zur Tragfähigkeit ausprägt.

Einen guten Vergleich zwischen der Takelung der besten englischen Clipper und der Segler von heute zeigen die Fig. 55 und 56.

Fig. 55 stellt den Endkampf der berühmten Ozeanwettfahrt im Jahre 1866 von China nach London dar (5a). Fünf Clipper, „Fiery Cross“, „Ariel“, „Taeping“, „Taitsing“ und „Serica“, verließen in kurzen Abständen den chinesischen Teehafen Fu-tshou-fu und erreichten alle London nach 99—101 Tagen (also mit nur 2 Tagen Differenz zwischen dem ersten und letzten). Die beiden auf der Abbildung dargestellten, „Ariel“ und „Taeping“, waren in 20 Min. Abstand abgefahren, hatten sich unterwegs nicht wieder gesehen und trafen sich im Kanal, wo dann der Endkampf begann, der mit einem Siege des „Ariel“ um wenige Minuten endigte.

Eine fast unglaubliche Menge Leinwand trugen diese Clipper in ihrer hohen Takelung, große Leesegel, Skysegel-Flieger, Wassersegel am Bugsprit und an der Seite.

Vergleichen wir damit ein etwa gleich großes modernes Vollschiff (Fig. 56), das Schulschiff „Großherzogin Elisabeth“, bei Joh. C. Tecklenborg gebaut, so

Oceanwettfahrt der Tee Clipper 1866.

Endkampf im Kanal zwischen „Taeping“ und „Ariel“, 5. bis 6. September 1866.

„Taeping“. Fig. 55. „Ariel“. Aus: London. Ill. News 1866.

„Großherzogin Elisabeth"

geb 1901 bei Joh. C. Tecklenborg-Geestemünde.

L = 68,15 m. B = 12,01 m. D = 6,37 m. Br.-Reg.-Tons 1760. Netto-Reg.-Tons 724.

Fig. 56. Phot.: C. Speck-Kiel.

springt der Unterschied der Takelung in die Augen. Alles ist auf das Notwendigste und Einfachste beschränkt.

Name	Baujahr	Werft	Material	L. m	B. m	D. m	Br.-Reg.-Tons
„Taeping“ . . .	1863	Steele, Greenock	Comp.	56,0	9,47	6,06	767
„Ariel“	1865	Steele, Greenock	Comp.	60,17	10,33	6,40	853
„Großherzogin Elisabeth“	1901	Tecklenborg, Geestemünde	Stahl	68,15	12,01	6,37	1260

II. Entwickelung der Segelschiffahrt.

Im Gegensatz zu der bisher behandelten, stetig wenn auch oft nur langsam fortschreitenden, Entwickelung des Segelschiffbaues steht die Entwickelung der gesammten Segelschiffahrt. Seit 1875 hat der Bestand an Segelschiffen in allen Ländern dauernd abgenommen, mit Ausnahme von einer vorübergehenden Steigerung in Frankreich in den Jahren 1896—1904 unter der Einwirkung der Schiffahrtsgesetze, und einer langsamen Zunahme in Amerika seit 1898. Fig. 57 zeigt den Bestand der Segelschiffe von mehr als 50 Netto-Reg.-Tons über die ganze Erde und in den bisher behandelten Ländern Amerika, England, Frankreich und Deutschland nach Bureau Veritas.

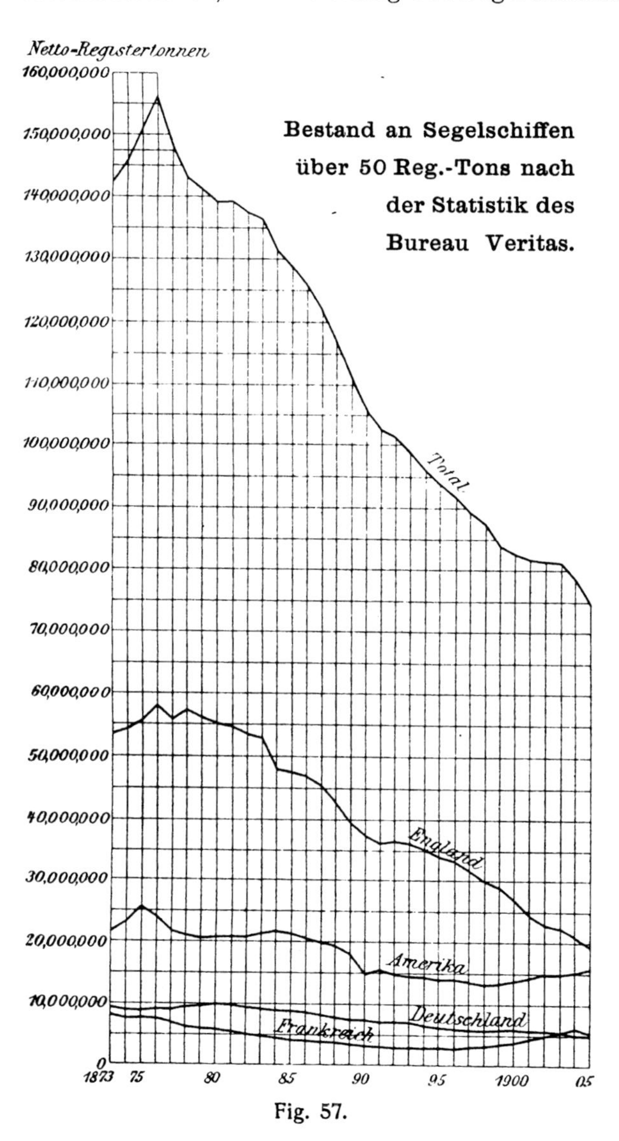

Fig. 57.

Danach sieht die Sache recht traurig aus, und es fragt sich, ob man überhaupt von einer Zukunft der Segelschiffe noch sprechen kann, und ob nicht die Segelschiffahrt unaufhaltsam dem Untergange verfallen ist.

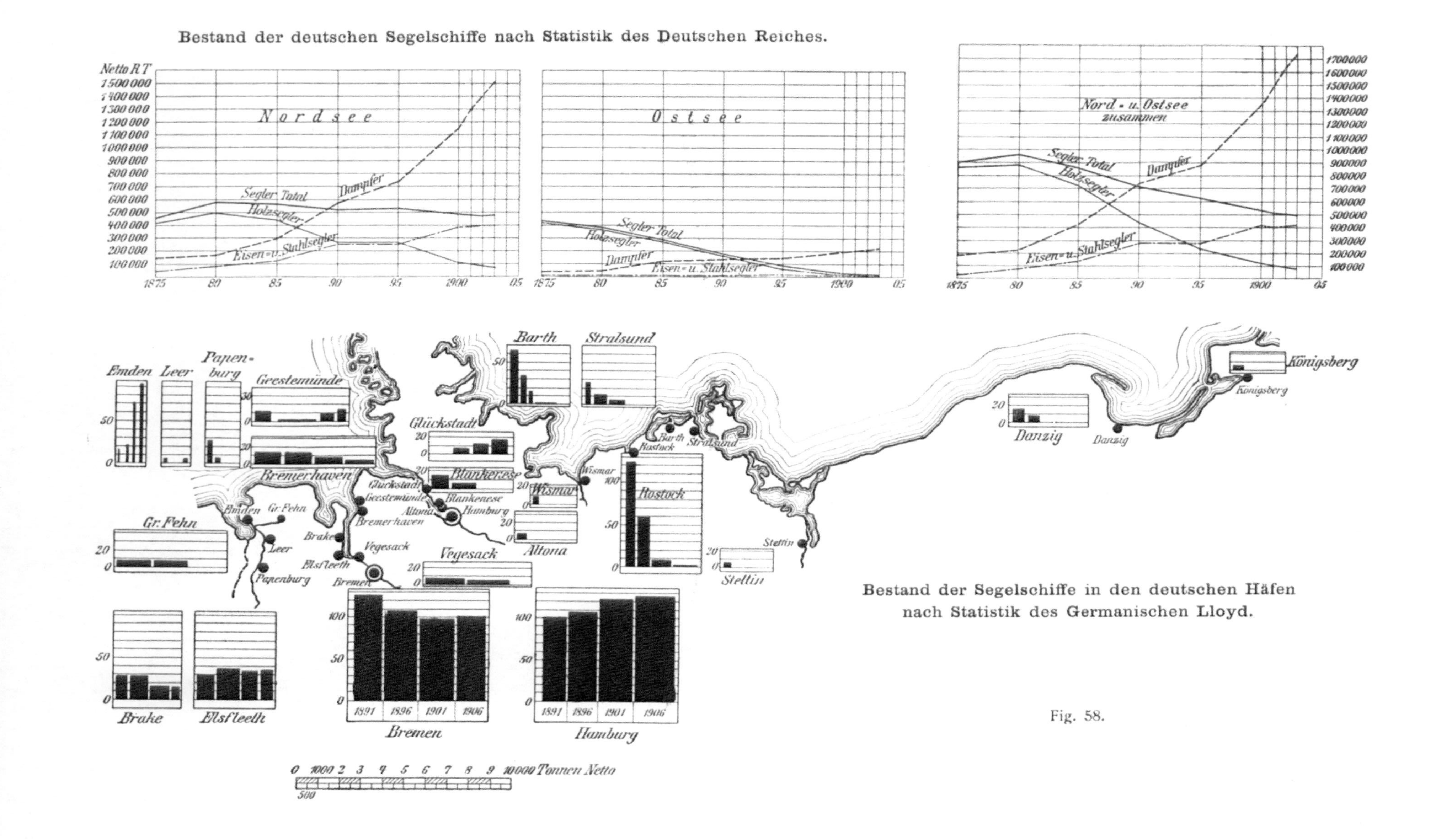

Bestand der Segelschiffe in den deutschen Häfen nach Statistik des Germanischen Lloyd.

Fig. 58.

Additional information of this book

(Die Grossen Segelschiffe); 978-3-642-51283-4; 978-3-642-51283-4_OSFO10) is provided:

http://Extras.Springer.com

Geht man aber etwas tiefer in die Statistik, so findet man dort doch einige Punkte der Entwickelung, welche ein günstigeres Bild geben.

Ich muß mich hier auf die Statistik Deutschlands beschränken, welche uns am meisten interessiert.

Auch hier zeigt die Gesamtzahl seit 1870 eine stetige Abnahme. Aber schon diese Kurve ist in neuerer Zeit nicht mehr so stark gefallen wie früher; sie ist seit 1898 nahezu zum Stillstand gekommen, welcher vielleicht der Anfang einer Zunahme ist.

Trennen wir Nordsee und Ostsee, so fällt auf der schnelle Abfall der Segelschiffahrt in der Ostsee, und die nur sehr geringe Abnahme in der Nordsee. Trennen wir auch hierin wieder die Holz- und Eisenschiffe, so wird es sofort klar, daß der ganze Abfall ausschließlich dem Verschwinden der Holzschiffe zuzuschreiben ist, und daß sich daneben die Eisen- und Stahlsegelschiffe in durchaus gesunder Weise gleichmäßig vermehrt haben. In der Ostsee ist es bald ganz zu Ende und auch in der Nordsee sind nicht mehr viel Holzschiffe zum Verschwinden da; sobald diese beiden Kurven die Nullinie erreicht haben, wird die Gesamtkurve nur noch durch die stetig zunehmende Kurve der Stahlsegler beherrscht und wird eine Zunahme zeigen.

Fig. 58 zeigt noch im einzelnen die Ursachen des Rückganges. Für die verschiedenen Häfen der Ost- und Nordsee ist hier für 4 Jahre, 1891, 1896, 1901 und 1906 der Bestand der Segelschiffe (23.) dargestellt. Die Höhe der schwarzen Felder zeigt die Zahl der Schiffe, die Breite der Felder die mittlere Größe. Greifen wir einige Beispiele heraus:

a) vom Niedergang: Rostock hat in den letzten Jahren fast die gesamte Seglerflotte, mittlerer Größe, verloren;

b) ein Stillstand: Bremen hat sich nahezu gehalten;

c) ein Zuwachs: Hamburg hat sowohl an Zahl, wie an Durchschnittsgröße in den letzten 15 Jahren erheblich zugenommen.

Aus dieser Statistik ergibt sich demnach:

1. daß in der kleineren und mittleren Segelschiffahrt, also in der Küstenfahrt, nichts mehr zu retten ist. Da kann das Segelschiff in Europa nicht mit dem Dampfer konkurrieren!

2. daß ein Fortschritt nur in der großen Fahrt mit großen Schiffen erhofft werden kann und dort auch Aussicht auf Erfolg bietet.

Einen Beweis hierfür liefert auch die folgende Tabelle, wonach die Zahl der Vier- und Fünfmastschiffe in Deutschland in den letzten Jahren dauernd erheblich zugenommen und sich in 8 Jahren mehr als verdoppelt hat.

Jahr	Zahl der Vier- und Fünfmastschiffe
1898	25
1899	36
1900	38
1901	45
1902	48
1903	52
1904	53
1905	58

Dasselbe Ergebnis zeigen die Fig. 59 und 60, welche die deutsche Segelschiffahrt nach den verschiedenen Ländern früher und heute darstellen.

Deutlich erkennbar ist die stetig unaufhaltbare Abnahme der Küstenschiffahrt (Fig. 59). Eine vereinzelte Zunahme gegen früher zeigt die Fahrt Lübeck—Schweden (Holz); jedoch haben auch hier die letzten Jahre eine stetige Abnahme ergeben.

Erfreulich tritt dagegen in die Erscheinung der Verkehr in der langen Fahrt (Fig. 60) nach dem Puget Sound, Australien und in erster Linie nach den Salpeterhäfen von Chile, wo der Tonnengehalt und die durchschnittliche Größe der Segelschiffe in diesem Abschnitt dauernd zugenommen hat. In dem Abschnitt 1875—79 verkehrten mit Chile durchschnittlich pro Jahr 25 Schiffe mit 13 700 Netto-Reg.-Tons (mittlere Größe 550 Netto-Reg.-Tons), in den Jahren 1900—04 wuchs diese Zahl auf 134 Schiffe mit 266 000 Netto-Reg.-Tons (mittlere Größe 2000 Netto-Reg.-Tons).

Es gibt auch heute noch Häfen auf der Erde, wo das Segelschiff weit überwiegt. Vor 2 Jahren traf ich mit der „Preußen" im Hafen von Iquique 32 Segelschiffe aller Nationen, Engländer, Franzosen, Italiener und 7 deutsche Schiffe, dagegen nur 1 Frachtdampfer, und dies war ein Turmdeckschiff, also der Typ, der die geringste Anlage und Betriebskosten mit der größten Tragfähigkeit für Schwergut verbindet. Dieses für jeden Schiffbauer herzerfreuende Bild zeigen die Fig. 61 und 62.

Ähnliche Zustände zeigten die anderen Salpeterhäfen Chiles; nur in Valparaiso war das Bild durch die größere Zahl der Fracht-Passagierdampfer

Hafen von Iquique von See. (Nov. 1904.)

Fig. 61.

Hafen von Iquique von Land gesehen. (Nov. 1904.)

Fig. 62.

gleichmäßiger. Ebenso gibt es auch noch in Australien und Indien Häfen (20.), wo Massengüter (Erze, Reis) für Europa verladen werden, in denen auch heute noch bei weitem das große Segelschiff überwiegt.

III. Zukunft.

Dampfer — Segelschiff.

Aus dem Überblick über den gegenwärtigen Stand der Segelschiffahrt ist zu erkennen, daß z. Z. von einem Aussterben der großen Segelschiffe noch nicht die Rede sein kann. Trotzdem kann man nicht im Zweifel darüber sein, daß die Segelschiffahrt krank ist. Der kleinen Segelschiffahrt an den Küsten Europas wird nicht mehr zu einem gesunden Leben zu verhelfen sein. Äußere Mittel, wie Staatsprämien in irgend einer Form, können zwar die Lebensdauer verlängern, aber es wird immer nur ein kümmerliches Vegetieren bleiben. Auch die große Segelschiffahrt steht zweifellos in einer schweren Krisis. Es muß etwas geschehen, wenn dieselbe nicht auch allmählich dem Untergange verfallen soll.

Die Gründe, welche es heutzutage dem Segelschiff immer schwerer machen, mit den Frachtdampfern auf langer Fahrt zu konkurrieren, sind folgende:

1. Der Dampfer ist unabhängiger von Wind und Wetter und bietet daher größere Garantie für schnelle Fahrt und pünktliches Eintreffen der Ladung.
2. Der Dampfer kann zu Anfang und Ende seiner Reise verschiedene Häfen anlaufen, um seine Ladung zusammenzubringen oder zu löschen, und kann ebenso für eine Reihe auf dem Wege liegender Häfen Ladung ohne erhebliche Verzögerung und Mehrkosten mitnehmen. Das Segelschiff könnte dies nur mit großen Kosten für Schlepper und großem Zeitaufwande, da die Seglerwege wegen der Windverhältnisse weit ab von der Küste liegen.
3. Der Dampfer braucht pro Tonne Tragfähigkeit weniger Mannschaft als das Segelschiff.
4. Zu diesen allgemein gültigen Gründen tritt zurzeit noch die Konkurrenz der französischen Segelschiffe, welche infolge ihrer Fahrtprämien die Fracht unter das natürliche Maß gedrückt haben.

Dem gegenüber hat das Segelschiff als Vorteil nur aufzuweisen billigeres

Anlagekapital und billigeren Betrieb während der Fahrt (kein Kohlenverbrauch, nur Ersatz der verbrauchten Segel und Zubehörteile).

Soll das Segelschiff wieder auf mehreren Fahrten konkurrenzfähig werden, so kann das nur geschehen, wenn an allen Stellen, auf den Arbeitsgebieten des Reeders, des Kapitäns und der Technik, weitere Anstrengungen gemacht werden, um die Nachteile des Segelschiffes gegen den Dampfer zu verringern und seine Vorteile zu vergrößern.

Vereinigung der Segelschiffsreeder.

Infolge der schlechten Frachten hat sich vor 2 Jahren die Sailingship-Owners-Union gebildet, welche eine Gesamtvertretung gemeinschaftlicher Interessen bezweckt, und vor allem Minimalfrachten festgesetzt hat. Natürlich muß die Fracht für den Transport mit Segelschiffen geringer sein als mit Dampfern, weil der Dampfer schneller und pünktlicher liefern kann. Unterhalb dieser Grenze aber die Frachten möglichst hoch zu halten, ist ein durchaus berechtigtes und gesundes Streben der genannten Vereinigung.

Die Union umfaßt z. Z. ca. 90 % der gesamten großen Segelschiffe über 1000 N.-Reg.-Tons von England, Frankreich und Deutschland und es wird andauernd daran gearbeitet, auch noch die übrigen Reedereien des Kontinents, in erster Linie Italiens und Norwegens, zum Beitritt zu bewegen; hoffentlich wird im Laufe der Jahre durch Zusammenschluß alles das erreicht, was auf diesem Gebiete möglich ist.

Fortschritt in der Wetterkunde.

Ein zweites Feld, auf dem in der Zukunft sicher noch weitere Fortschritte gemacht werden können, ist die Führung der Schiffe auf Grund guter Kenntnisse und geschickter praktischer Anwendung der Wind- und Wetterkunde. Erst seit wenigen Jahrzehnten hat sich die Wetterkunde, ursprünglich auf recht unsicheren und mangelhaften Beobachtungen gegründet, durch die umfangreiche Mitarbeit der Kapitäne zu einer für die Segelschiffahrt brauchbaren Wissenschaft herausgebildet.

Wie auf diesem Gebiete die Zentralen (für Deutschland die deutsche Seewarte in Hamburg) und die Kapitäne sich gegenseitig fördern und nützen, kann hier nicht weiter behandelt werden. (20.) Es ist sicher zum großen Teil der bessern Wahl der Seglerwege und der geschickten Behandlung von Hoch- und Niederdruckgebieten zuzuschreiben, daß heute die Segelschiffe auf allen Wegen, im einzelnen wie im ganzen, schnellere Reisen machen, obgleich die heutigen Frachtsegelschiffe nach Schärfe der Form, Glätte des eisernen statt kupfernen Unterwasserschiffes, Größe der Segelfläche und Anzahl der Besatzung viel weniger auf Schnellsegeln als auf Tragfähigkeit gebaut werden.

Es gibt aber auch heute noch viele Segelschiffskapitäne, welche von diesen modernen Bestrebungen nichts wissen wollen oder nichts damit anfangen können und daher unter gleichen Bedingungen durchweg längere Reisen machen als andere Schiffe.

Zweifellos wird auch hierin noch mancher Fortschritt zu erreichen sein, und damit durch schnellere Reisen die Betriebskosten pro Tonnenmeile ermäßigt werden können.

Technische Fortschritte.

Die beiden erwähnten Gebiete, Besserung der Frachten durch Zusammenschluß der Reedereien und Verminderung der Betriebskosten durch schnellere Reisen mit wetterkundigen Kapitänen, haben eine bestimmte Grenze, über welche hinaus praktische Fortschritte nicht mehr zu erreichen sind, aber sie müssen und werden mit dazu beitragen, die Segelschiffe konkurrenzfähig zu machen.

Die wichtigsten Fortschritte sind auf technischem Gebiete möglich. Wie die Technik, dauernd die Sicherheit der Dampfer erhöht, durch Verbesserung der Maschinen deren Betriebskosten verringert hat, und dadurch den Rückgang der Segelschiffahrt verursacht hat, so soll auch die Technik die Mittel finden, die dauernd auf dem Meere vorhandene Betriebskraft des Windes so geschickt auszunutzen, daß die Segelschiffe auf gewissen Gebieten konkurrenzfähig bleiben.

An dem Schiffskörper selbst wird nicht viel zu verbessern sein; infolge der größeren Beanspruchung der Verbände durch die Takelung wird der reine Schiffskörper stets etwas schwerer und teurer ausfallen müssen, als ein gleich großer Dampfer (abgesehen von den für die Maschinenanlage nötigen Stahlteilen).

Gewicht der Takelung.

Wohl möglich aber ist eine Verminderung des Gewichts der Takelung durch Verwendung geschweißter, anstelle der bisher ausschließlich verwendeten genieteten Masten, Stengen und Raaen. Eine sorgfältig vorbereitete Rundfrage bei drei deutschen Firmen, welche geschweißte Rohre herstellen,

1. W. Fitzner, Laurahütte O./S.
2. Aktiengesellschaft Ferrum-Zawodzie bei Kattowitz O./S.
3. D.-Österr. Mannesmannröhren-Werke, Düsseldorf

hat ergeben, daß alle 3 in der Lage sind, auch die größten Masten usw. (bis etwa 45 m Länge) geschweißt herzustellen.

Im Vergleich mit ebenso sorgfältig berechneten Angaben verschiedener Werften stellten sich die Kosten frei Werft rund 15 % billiger als die Selbstkosten der Werften und das Gewicht wird etwa 20 % geringer; die Ersparnis beträgt demnach für eine Viermastbark von 3000 Br.-Reg.-Tons rund 5000 M. und 20 t. Wichtiger jedoch, als diese verhältnismäßig geringen direkten Ersparnisse ist die Erhöhung der Sicherheit der Takelung durch das verminderte Gewicht der Stengen und Raaen; zweifellos wird dadurch eine Verminderung des stehenden und laufenden Gutes möglich sein und damit die Kosten weiter reduziert und die Bedienung erleichtert werden.

Mit Rücksicht auf diesen Punkt, Verminderung des Takelage-Gewichtes, wäre es außerordentlich erwünscht, wenn es gelänge, Stengen und Raaen aus gezogenen Mannesmannrohren herzustellen. Durch die hohe Festigkeit des Materials (70—80 kg gegen rd. 45 des Schiffbaustahls) und den Fortfall der Nietung würde es möglich werden, das Gewicht und auch das stehende und laufende Gut wesentlich zu reduzieren.

Leider ist die Verwendung dieses idealen Materials z. Z. noch dadurch beschränkt, daß gezogene Mannesmannröhren von größerem Durchmesser als 280 mm nicht hergestellt werden. Vielleicht aber veranlaßt die Aussicht der Verwendung für Stengen und Raaen großer Segelschiffe die Mannesmann-Werke ihre Bemühungen zur Herstellung großer Durchmesser, etwa zunächst bis 450 mm, fortzusetzen. Im Interesse der Segelschiffahrt wäre es sehr zu wünschen, daß diese Bemühungen erfolgreich sein könnten. Bei den außerordentlich großen indirekten Vorteilen, den diese besonders festen und leichten Stengen und Raaen für die leichte und sichere Abstagung und Bedienung der Takelung haben würde, wäre ein guter Preis für solche Rohre sicher zu erzielen.

Maschinelle Bedienung der Takelung.

Ferner müssen, um in erster Linie Mannschaften zu sparen, die maschinellen Einrichtungen zum Bedienen der Segel weiter ausgebildet werden. Wie in so mancher Frage, wo es sich um Ersatz der Menschen durch Maschinen handelt, sind uns die Amerikaner auf diesem Gebiete vorangegangen. Wenn auch die bisherigen Fortschritte und Erfolge hierin recht erfreulich sind, so bleibt doch noch sehr viel zu tun.

Zur Bedienung einer Viermastbark von mittlerer Größe sind z. Z. noch rd. 250 Handtaljen (für ein Fünfmastvollschiff 380) durchzuholen, von denen die meisten 2—3 Mann erfordern. Die Zahl der Taljen reduziert sich bei Verwendung von Winden für Schoten, Fallen und Brassen auf rd. 220 (für Fünfmastvollschiffe 330), abgesehen von den nur kurz steifzuholenden Strecktaljen an den Brassen. Wer es je erlebt hat, wie in dunkelster Gewitternacht bei einbrechender Sturmbö mit der geringen Mannschaft die Segel mit diesen Taljen bedient und zum Teil festgemacht werden müssen, der wird dem Mut und der Geschicklichkeit von Kapitän und Mannschaft die höchste Achtung zollen müssen. Aber ein moderner Ingenieur wird dabei notwendig die Frage stellen, läßt sich diese Arbeit nicht, wenigstens zum großen Teil, sicherer und schneller durch maschinelle Hilfsmittel besorgen?

Bisher sind alle Verbesserungen von Kapitänen ausgegangen, und eine gute Kenntnis der Bedienung von Segelschiffen in schwerem Wetter muß auch bei etwaigen Erfindungen auf diesem Gebiete die Grundlage bilden.

Es kann nicht meine Absicht sein, hier mit bestimmten Vorschlägen aufzutreten, ich möchte nur die Aufmerksamkeit seekundiger Ingenieure oder ingeniöser Seemänner auf dieses Gebiet lenken. In erster Linie wäre es sehr zu wünschen, eine mechanische Einrichtung zu finden, um die Segel von Deck aus los und fest zu machen oder zu reffen. (Wir sind heute bereits so weit, daß außer zu diesen Arbeiten die Mannschaft nur dann in die Takelung muß, wenn oben nicht alles in Ordnung ist; alle übrige Arbeit zur Bedienung der Raaen und Segel wird von Deck aus besorgt.) Solche Vorrichtungen haben schon wie früher erwähnt (S. 35), einmal in den 60er und 70er Jahren auf vielen Schiffen bestanden und sich lange gehalten, ein Zeichen, daß sie trotz ihrer Mängel brauchbar waren.

Man hat es oft erlebt, daß gute Ideen, die ihrer Zeit vorausgeeilt waren, sich nicht haben halten können, weil die Technik nicht so weit vorgeschritten war, um aus derselben eine brauchbare Konstruktion zu machen. Vielleicht und hoffentlich blüht dieser Idee, die Segel von Deck aus loszumachen, zu reffen und festzumachen, eine Auferstehung unter Benutzung der modernen Hilfsmittel, welche Leichtigkeit mit Festigkeit vereinigen. Dann würde der für jede moderne, selbst die größte und komplizierteste Maschine selbstverständliche Zustand einfacher Bedienung auch für die Takelage eines Segelschiffes zu erreichen sein.

Wenn es auch nie gelingen wird, die wechselnde Kraft des Windes mit derselben spielenden Leichtigkeit zu lenken, wie große Krananlagen bis 150 t Tragkraft oder Schiffsmaschinen bis 40 000 Pferdestärken, so ist es doch sicher möglich, in der Bedienung der Takelung großer Segelschiffe Vereinfachungen maschineller Art zu konstruieren und damit die Mannschaft wesentlich zu vermindern.

Hilfsmaschine.

Die bisher besprochenen Möglichkeiten technischer Fortschritte, wenigstens deren Endziel, liegen zum Teil noch weit in der Zukunft, wenn auch die bisherige Entwickelung zwingend darauf hinweist. Mehr auf dem Boden der heutigen Tatsachen steht der dritte mögliche technische Fortschritt, und dies ist auch der wichtigste, die Hilfsmaschine.

Diese Frage ist so alt, wie die Schiffsmaschine überhaupt. Die ersten Ozeandampfer waren Segelschiffe mit Hilfsmaschinen, bis dann Dampfer mit Hilfstakelage an deren Stelle traten und schließlich die Takelage auf Kriegs- und Handelsdampfern vollständig verschwunden ist.

In allen Zeiten der Entwickelung der Segelschiffe ist die Frage der Hilfsmaschine in die Erscheinung getreten, und eigentlich nie ganz verschwunden gewesen; ich erinnere an den ersten großen eisernen Clipper „Oberon“ im Jahre 1869 (s. S. 12). Der erste Versuch im Großen war in neuerer Zeit die Fünfmastbark „Maria Rickmers“ 1892 mit 750 PS.*) Wenn auch die Dampf-Hilfsmaschine mit dem Verlust dieses Schiffes sicher nichts zu tun hatte, so hat derselbe doch der Entwickelung schwer geschadet; und erst in neuester Zeit hat dieselbe Firma Rickmers sich zu einem zweiten derartigen Versuche entschlossen, zum Bau des „R. C. Rickmers“, mit einer Dampfmaschinenanlage von 1100 PS, der sich z. Z. auf seiner ersten Erdumsegelung befindet (Fig. 36).

Unterdessen hat man auch auf kleinen Seeschiffen wiederholt Versuche mit Hilfsschrauben gemacht. Ein wirklicher Erfolg ist aber bisher in der Hochseefahrt nur bei den Fischereifahrzeugen erzielt worden. Die stetig wachsende Zahl der Dampf-Heringslogger und der Motor-Fischerboote beweisen, daß für diesen Zweck die Hilfsmaschine wesentliche Vorteile bietet.

Soll das Frachtsegelschiff dem Frachtdampfer in der großen Fahrt konkurrenzfähig zur Seite stehen, so muß das Segelschiff schneller und pünkt-

*) Auf der ersten Reise verschollen, s. Anhang II f.

licher liefern und freier werden im Anlaufen mehrerer Häfen zum Laden und Löschen am Anfang und am Schluß der Fahrt. Beides ist nur durch die Hilfsmaschine zu erreichen.

Die langen Reisen mancher Segelschiffe haben ihren Grund nur darin, daß dieselben unterwegs für lange Zeit Windstillen (Kalmen) oder widrige Winde angetroffen haben, welche sie an einem Fleck fest halten. Regelmäßig werden solche Kalmengürtel angetroffen an den Grenzen der Passate, und es ist nichts Ungewöhnliches, daß die Schiffe eine und mehr Wochen aus denselben nicht herauskommen.

Da stets wenige Meilen vorwärts wieder günstiger Wind zu treffen ist, so könnte an solchen Stellen schon eine kleine Maschine, welche das Schiff nur 3—4 Seemeilen in der Stunde vorwärts bringt, mehrere Tage Fahrt sparen. Diese kleine Maschine würde allerdings an anderen Stellen, bei einigermaßen kräftigem Gegenwind, nicht ausreichen. Für die Kalmen bei mittlerem Gegenwind und zur freien Navigierung im Hafen wird daher eine Maschinenstärke von 15—20 % des Brutto-Tonnengehalts notwendig werden und ausreichen, also rund $1/3$ der Leistung gleich großer Frachtdampfer, welche rund 50 % ihres Brutto-Tonnengehalts an Maschinenstärke besitzen. Eine Viermastbark von 3000 Br.-Reg.-Tons würde demnach mit einer Maschinenanlage von 450—600 ind. PS auskommen.

Eine derartige Dampfmaschinenanlage bietet naturgemäß absolut keine technischen Schwierigkeiten. Wenn trotzdem diese Art der Hilfsmaschine für große Segelschiffe sich nicht recht Freunde erwerben kann, so liegt dies daran, daß die Normaldampfmaschinenanlage nicht den besonderen Anforderungen einer Hilfsmaschine für Segelschiffe entspricht.

Diese besonderen Anforderungen sind die folgenden:

1. Geringer Bedarf an Platz und Gewicht. Da die Maschine nur einen geringeren Teil, höchstens 20 % der Zeit Verwendung findet, ist dieselbe samt dem mitgeführten Brennmaterial für die übrige Zeit Ballast.
2. Geringe Betriebskosten an Bedienung und Brennmaterial.
3. Stetige Betriebsbereitschaft, leichtes Ingangsetzen.

Gerade diesen drei wichtigsten Anforderungen entspricht die Dampfmaschinenanlage in keiner Weise.

Behalten wir das Beispiel der Viermastbark von 3000 Br.-Reg.-Tons bei, so würde die Maschinenanlage von 600 ind. PS mit Kessel einschl. der Stahlarbeiten im Schiff (Fundamente, Schotte, Kohlenbunker und Tank für Speisewasser usw.) rund 250 t wiegen, dazu kämen Kohlen (0,8 kg pro ind. PS und Stunde) für 25 Tage à 12 t rund 300 t, zusammen 550 t totes Gewicht = 12 % der Tragfähigkeit.

In einem Jahre würde demnach die Dampfmaschinenanlage nur durch ihr Gewicht an Verminderung der Tragfähigkeit mindestens 20 000 M. kosten. Dazu kommen die Betriebskosten, welche besonders hoch dadurch werden, daß der Kessel, um stets bereit zu sein, fast die ganze Zeit, vielleicht nur mit Ausnahme der Passate, in Betrieb gehalten werden muß; und weiter die Kosten für 2 geprüfte Maschinisten und mindestens 2 gelernte Heizer, welche alle 4 in ihrer freien Zeit für das Schiff nur von halbem Wert sein können; Jedenfalls wird daraufhin die übrige Besatzung kaum reduziert werden können.

Den genannten drei Anforderungen entsprechen aber vollauf die Verbrennungskraftmaschinen, im Folgenden kurz „Motoren“ genannt.

Wenn man bisher dieser Frage noch nicht ernstlich näher getreten ist, so liegt das einfach daran, daß bisher die erforderlichen Motorgrößen von einigen hundert Pferdestärken nicht vorhanden gewesen sind: noch vor 10 Jahren gab es nicht einmal die für Fischereifahrzeuge erforderlichen kleinen Motoren von 10—20 PS; heute aber haben wir es den Automobilen sowie den Motor- und Unterseebooten zu danken, daß von den verschiedensten Firmen die erforderlichen Größen betriebssicher hergestellt werden und zum Teil an Bord von Booten erprobt sind.

Eine Motoranlage für unser Beispiel würde bei 400 eff. PS = rund 600 ind. PS einschl. der Fundamente und Unterbringung des Brennstoffs nur etwa 50 t wiegen, und das Gewicht des Brennstoffs (Petroleum) würde unter der Annahme von 20 Betriebstagen (da der Motor stets betriebsfertig ist und in der Zwischenzeit keinen Brennstoff verbraucht) und (0,35 kg pro eff. PS und Stunde) 0,35 : 400 . 24 . 20 = rund 70 t betragen, d. i. zusammen 120 t.

Die Tragfähigkeit des Schiffes vermindert sich also durch die Motoranlage nur um 120 t = 2,7 % gegen 550 t = 12 % bei einer Dampfmaschinenanlage.

Ein Motor ist stets betriebsfertig und bedarf zu seiner Wartung nur einiger Sorgfalt; eine Vermehrung der Mannschaft wird daher nicht nötig werden, wenn Kapitän und Offiziere sich vorher genügend mit der Behandlung und Bedienung desselben vertraut gemacht haben. Die Aufsicht am Motor kann ruhig einem geschickten Decksmann überlassen werden, da beim Gebrauch des Motors in den meisten Fällen an Deck nichts besonderes zu tun sein wird.

Diese beiden Hauptvorzüge, geringer Bedarf an Gewicht und Platz und leichte Bedienung, bestechen von vornherein so, daß es sich wohl lohnt, der Frage näher zu treten. Selbstverständlich treten dabei noch eine Anzahl technischer Schwierigkeiten auf, die aber mit bisher bewährten Mitteln, ohne irgend eine neue Erfindung nötig zu machen, zu bewältigen sind.

Für den Gebrauch an Bord haben die Motoren zwei unangenehme Eigenschaften: Mangel der Umsteuerung und hohe Umdrehungszahl. Die Umsteuerung ist für den vorliegenden Zweck bei den in Frage kommenden verhältnismäßig geringen Leistungen durch Wendegetriebe zu erreichen, wie sie z. B. von Thornycroft auch für größere Leistung schon mit Erfolg angewendet worden sind. Die hohe Umdrehungszahl ist für Segelschiffe (etwa 400—500 bei unserm Beispiel) besonders unangenehm, weil die erreichbaren Geschwindigkeiten des Schiffes nur gering sind (etwa je nach Mit- oder Gegenwind 3 bis 8 Seemeilen). Die geringe Geschwindigkeit ergibt bei den hohen Umdrehungen außerordentlich ungünstige Schraubenverhältnisse. Diesem Übelstand ist nur durch Zwischenschalten eines Riementriebes zu begegnen, welcher jedoch kein Bedenken hat, da er absolut sicher auszuführen ist. Die Anordnung mit Riementrieb hat nebenbei den großen Vorteil, daß die Motoren nach oben gelegt werden können, und somit besser zu bedienen sind, als unten in dem engen Hinterschiff an der Schraubenwelle.

Ein Segelschiff ist bei der angenommenen geringen Maschinenstärke im Vergleich zur Größe des Schiffes und der hohen Takelung in der Geschwindigkeit sehr stark abhängig vom Winde. Die Geschwindigkeit wird daher bei selbst geringen Mit- oder Gegenwind in weiten Grenzen variieren. Aus diesem Grunde wird es notwendig sein, der Schraube verstellbare Flügel zu geben, um stets die günstigste Steigung einstellen zu können. Eine feste Schraube mit mittlerer Steigung würde zur Folge haben, daß bei Gegenwind und langsamer Fahrt des Schiffes der Motor langsamer läuft, also weniger leistet. Gerade bei Gegenwind wird es aber besonders wünschenswert, dem Motor seine volle Leistung zu geben, um die größte Geschwindigkeit zu erreichen; dies ist nur durch verstellbare Flügel erreichbar. Auch um den Widerstand der Schraube beim Segeln so klein wie irgend möglich zu halten, ist eine Verstellbarkeit der Flügel in die Längsschiffsebene erforderlich. Schrauben mit verstellbaren Flügeln (Patent Bevis) sind bereits in den 80er Jahren bis zu 3000 PS bei den englischen Korvetten angewendet worden, auch „R. C. Rickmers“ besitzt für seine Maschine von 1100 PS eine Bevisschraube zur Einstellung auf Vorwärtsgang und Segelstellung längschiffs. Deutsche Firmen haben gleichfalls für kleinere Leistungen von etwa 100 PS und darüber verstellbare Schrauben geliefert (z. B. Meißner-Hamburg). Es ist nun konstruktiv durchaus möglich, die Schraubenflügel nicht nur zur Segelstellung und für verschiedene Steigungen, sondern gleichzeitig auf Rückwärtsgang einstellbar zu machen. Durch diese Anordnung wird eine große Einfachheit der Bedienung erreicht.

Wenn somit in großen Zügen die Lösung der technischen Schwierigkeiten für den vorliegenden Zweck klargelegt ist, so soll doch nicht verschwiegen werden, daß einzelne der Lösungen, wie Umsteuergetriebe, Riementrieb, umsteuerbare Schraube um so schwieriger anzuwenden sind und um so mehr Anlaß zum Bedenken geben können, je größer die durch dieselben übertragenen Leistungen sind.

Das hat andererseits für die behandelte Frage den großen Vorzug, daß in absehbarer Zeit die Frachtdampfer nicht anstelle der bisherigen Dampfmaschinenanlage den Motorbetrieb einführen können. Die technischen Schwierigkeiten, welche sich für die Maschinengröße eines Segelschiffes noch gut und sicher lösen lassen, sind vorläufig noch unlösbar für die Maschinenleistungen eines großen Frachtdampfers: und es scheint, daß überhaupt die Größe der Zylinder bei den Motoren beschränkt ist; abgesehen von allen andern Schwierigkeiten können z. Z. die für größere Frachtdampfer erforderlichen Leistungen nur durch Vermehrung, nicht, wie bei der Dampfmaschine, durch Vergrößerung der Zylinder erreicht werden. Ein unserm Beispiel entsprechender Frachtdampfer von rd. 1600 eff. PS müßte also bei Motorbetrieb viermal so viel Zylinder erhalten, wie das Segelschiff mit 400 eff. PS.

Auch für unser Beispiel einer Viermastbark mittlerer Größe ist die erforderliche Leistung von 400 eff. PS z. Z. nur durch 2 Satz Motoren von je 200 eff. PS zu lösen. Mit Rücksicht auf die erwähnten technischen Schwierigkeiten der Umsteuerung und des Riementriebes wird daher die Frage zu untersuchen sein, ob nicht eine Teilung der Leistung auf 2 Schrauben möglich ist.

Auf den ersten Blick erscheint dies unzweckmäßig; und doch möchte ich die Anordnung von Doppelschrauben als Hilfskraft für große Segelschiffe auch außer den eben erwähnten Gründen der betriebsicheren Herstellung empfehlen aus folgenden Gründen:

1. Die Verstellbarkeit der Schraubenflügel hat zur Folge, daß die Schraube nur 2 Flügel erhalten kann, da die Nabe in brauchbaren Abmessungen nur Platz für die Drehvorrichtung zweier Flügel hat. Dadurch wird das Flügelareal im Verhältnis zur Maschinenleistung

und zum Schiffsquerschnitt sehr ungünstig. Die Verhältnisse werden für die Festigkeit der Schraubenflügel und für die Wirkung weit günstiger, wenn die Leistung auf 2 Schrauben verteilt wird.

2. Für die Navigierung im Hafen wird es bei mittlerem Winde für das Segelschiff nicht möglich sein, mit seiner geringen Maschinenleistung bei der hohen Takelung sich ohne Hilfe eines Schleppers sicher zu bewegen; die selbständige Beweglichkeit wird ganz wesentlich größer, wenn 2 Schrauben zur Verfügung stehen, die jede für sich leicht vom Vorwärts- auf Rückwärtsgang gebracht werden können; dadurch werden Schlepperkosten gespart und die Sicherheit des Schiffes im engen Wasser wesentlich erhöht.

Das Ergebnis unserer Betrachtung ist demnach, daß eine Motoranlage auf einem Segelschiff sehr große Vorzüge gegenüber einer gleichwertigen Dampfmaschinenanlage hat, daß diese Motoranlage technisch durchaus sicher hergestellt werden kann, und daß die Vorzüge der Hilfsmaschine an Wirksamkeit, technischer Sicherheit und seemännischer Brauchbarkeit am meisten in einer Zweischraubenanlage mit verstellbaren Schrauben zur Geltung kommen.

Wirtschaftlichkeit der Hilfsmaschine.

Damit ist die Sache aber noch nicht erledigt, das Wichtigste bleibt die Frage: welche wirtschaftlichen Vorteile hat eine derartige Anlage? Sind die Anschaffungs- und Betriebskosten nicht so hoch, daß die erwarteten Vorteile vollständig ausgeglichen werden?

Es soll hier keine eingehende Berechnung der Kosten und Vorteile einer Motoranlage gegeben werden; das kann nur für jede Reederei gesondert nach Schiffsgröße, gewählter Maschinengröße, Fahrten des Schiffes ausgerechnet werden und hat in solcher speziellen Form hier für die Allgemeinheit kein Interesse. Es sollen daher hier nur einige allgemeine Vergleiche gegeben werden an der Hand des bisher behandelten Beispiels einer Viermastbark mittlerer Größe.

Die Motoranlage für ein solches Schiff würde rund 120 000 M. kosten. Unter der Annahme, daß die Kosten des Schiffes 600 000 M. betragen (wofür dasselbe allerdings infolge der hohen Materialpreise z. Z. nicht zu haben ist), ergibt sich, daß 6 Schiffe ohne Motoren ebenso viel kosten wie 5 Schiffe mit Motoren. Nebenbei bemerkt, wird eine Dampfmaschinenanlage von gleicher Stärke an sich allerdings billiger, der Gesamtpreis wird jedoch höher werden infolge der am Schiffskörper notwendigen Einbauten (Fundamente für Maschinen und Kessel, Schottwände, Bunker für Kohlen, Tanks für Speisewasser).

Die Betriebskosten für Instandhaltung des Schiffes, Löhne und Proviant für Mannschaft usw. werden pro Jahr rund 100 000 M. pro Schiff betragen, d. i. 600 000 M. für 6 Schiffe ohne Motor und 500 000 M. für 5 Schiffe mit Motor. Außerdem kommt dazu die Unterhaltung der Motoren und Brennmaterial für die 5 Motorschiffe, für welche zusammen sicher erheblich weniger als 100 000 M. einzusetzen sein wird. Es ergibt sich also, daß im Betrieb die 5 Motorschiffe sich billiger stellen werden, als die 6 Schiffe ohne Motor. Um einen Überschuß zu erzielen, würde es demnach genügen, wenn die 5 Motorschiffe zusammen dieselben Einnahmen bringen, wie die 6 Schiffe ohne Motor. Dazu müßte also, von allem andern ganz abgesehen, das Motorschiff $1/5 = 20\ \%$ schnellere Reisen machen.

An wie viel Tagen auf jeder Reise die Hilfsmaschinen hätten Verwendung finden können, und wie viel voraussichtlich durch die Hilfsmaschinen an Reisedauer hätte gespart werden können, läßt sich nur an der Hand des Schiffsjournals unter Berücksichtigung der Windverhältnisse ermitteln.

Für unsern Zweck genügt jedoch eine Schätzung aus zuverlässigen Unterlagen.

Hierzu sind in Fig. 63 (s. Anhang IV) 59 Segelschiffsreisen auf großer Fahrt zusammengestellt; die Auswahl umfaßt nur neuere große Schiffe auf ihren Reisen in den letzten Jahren, und es sind nur mittlere Reisen aufgenommen; besonders schnelle oder lange Fahrten sind herausgelassen. Die Figur gibt also einen guten Überblick, in welchen Grenzen sich ungefähr die Fahrtdauer auf den Hauptseglerwegen hält. Der mittlere Unterschied zwischen der längsten und kürzesten Dauer aus jeder Gruppe liegt zwischen 16 und 51 % der mittleren Dauer und beträgt im Mittel 32 %. Nehmen wir nun an, daß die Hilfsmaschinen die Reisen, welche unter der mittleren Dauer bleiben, im Durchschnitt um 15 %, und die andern etwa um 25 % abgekürzt hätte, so ergibt sich die keineswegs zu hoch gegriffene Schätzung, daß die Hilfsmaschinen die mittlere Dauer der Segelschiffreisen um mindestens 20 % abkürzen werden.

Damit ist die Gleichwertigkeit von 5 Motorenschiffen gegen 6 Schiffe ohne Motor erwiesen, sehr wahrscheinlich jedoch werden die 5 Motorschiffe

Additional information of this book

(Die Grossen Segelschiffe); 978-3-642-51283-4; 978-3-642-51283-4_OSFO11) is provided:

http://Extras.Springer.com

unter gleichen sonstigen Verhältnissen besser rentieren als 6 Schiffe ohne Motor, da die Betriebskosten geringer sind.

Diese direkte Rechnung von Vorteil und Nachteil ist aber nicht allein ausschlaggebend. Wertvoller bei der ganzen Frage sind die mittelbaren Vorteile der Motoren, welche in der größeren Beweglichkeit und Sicherheit der Schiffe liegen, und es ist zu erwarten, daß dadurch der Beförderung durch Segelschiffe wieder eine Anzahl Güter zufallen können, welche z. Z. von den großen Frachtdampfern befördert werden.

Ferner werden auch größere Segelschiffe, als bisher im allgemeinen üblich, dadurch rentabel werden. Aus wirtschaftlichen Gründen hat die Größe der Frachtdampfer dauernd zugenommen; seit mehreren Jahren werden in Deutschland für diese Zwecke für lange Fahrten fast ausschließlich Dampfer von etwa 8000 t Tragfähigkeit verwendet, welche für unsere Häfen und für die vorhandenen Ladungsmengen sich als die geeignetsten erwiesen haben; alle diese großen Dampfer laufen in Europa mehrere Häfen an, ehe sie die Fahrt nach Afrika, Asien, Amerika oder Australien antreten. Nur dadurch wird es ihnen möglich, die erforderliche Ausfracht zusammenzubringen. Weil Segelschiffe ohne Motor das nicht können, ist deren wirtschaftliche Größe bedeutend geringer und liegt etwa bei 4000 t Tragfähigkeit, in welcher Größe fast alle neueren größeren Segelschiffe für die große Fahrt gebaut sind. Unser größtes deutsches Segelschiff, die „Preußen", ist bereits zu groß, um auf Rückladung zu warten, sie fährt regelmäßig im Ballast zurück, was natürlich ihre Rentabilität sehr in Frage stellt.

Durch die Motoranlage gewinnt die Segelschiffsreederei also den großen Vorteil, größere Schiffe, welche im Betriebe billiger sind, mit besserem wirtschaftlichen Erfolge bauen zu können.

Die Aussichten für einen Versuch mit einer Motoranlage sind demnach nach allen Seiten sehr günstig; das Risiko ist weder technisch noch kaufmännisch erheblich; ein viel gewagteres Unternehmen war der Übergang zum großen Fünfmastschiff, und da dieses Wagnis mit Erfolg unternommen ist, darf man wohl erwarten, daß sich auch für den notwendigen Fortschritt, den Versuch mit einer Motoranlage, eine unternehmende Reederei finden wird.

Diskussion.

Herr Geheimer Kommerzienrat Schultze, Vorsitzender des Deutschen Nautischen Vereins, Oldenburg:

Meine Herren! Ich bin fest überzeugt, daß sämtliche Reeder hier im Saale, — nicht allein die Segelschiffreeder, sondern auch die Dampfschiffreeder — dem Herrn Vortragenden außerordentlich dankbar sein werden für diesen Beitrag zur Lösung einer brennenden Frage. Eine brennende Frage ist entschieden der Rückgang unserer Segelschiffahrt. An sich wäre es ja gleichgültig, ob die Güter in großen Frachtdampfern oder in Segelschiffen gefahren werden. Aber wir können die Segelschiffe nicht entbehren, weil unsere Flotte dann nicht die genügend vorgebildete Mannschaft erhalten würde. Es ist also sowohl eine brennende Frage für die Handelsmarine als für die Kriegsmarine, denn auch für die Wehrkraft unseres Landes ist es von außerordentlicher Wichtigkeit, gut auf Segelschiffen vorgebildete Seeleute zu besitzen. Der Trost, daß die großen Segelschiffe, wie der Herr Vortragende gesagt hat noch immer rentabel sind und uns diese Möglichkeit gewähren, tüchtige Seeleute auszubilden, ist gering. Die Zunahme des Baues großer Frachtdampfer wird darauf hinwirken, daß große Segelschiffe nicht ohne weiteres in großen Mengen gebaut werden. Eine große Zunahme im Bau dieser Schiffe würde auch wieder wesentlich auf die Frachten drücken, und das Ende würde sehr bald da sein.

Einen großen Wert lege ich aber gerade auf die Hebung unserer kleinen Schiffahrt, unserer kleinen Küstenschiffahrt, die so ganz besonders im Rückgange begriffen ist, und ich meine, daß auch hier der Vortrag des Herrn Professor Laas uns gewisse Anregungen bietet zur Lösung dieser Frage.

Der Deutsche Nautische Verein beschäftigt sich schon seit längerer Zeit mit diesem Gegenstande. Er hat auf seinem vorigen Vereinstage eine Kommission eingesetzt, die sich bemühen soll, diese Frage zu lösen, und ich glaube, die große Mehrzahl der Reeder wird der Ansicht sein, daß wir den Franzosen nicht folgen dürfen, Subventionen zu befürworten. Die Franzosen haben damit so schlechte Erfolge erzielt, daß wir dieses Beispiel nicht nachahmen dürfen. Hier kann nur helfen ein Zusammenwirken aller Kräfte: der Schiffbauingenieure, der Schiffer und der Reeder, und der Gegenstand, meine Herren, ist es wert, daß die besten Kräfte sich vereinigen, zur Lösung der Frage beizutragen. Jedenfalls ist der Vortrag, den wir heute hier gehört haben, ein sehr guter Beitrag dazu, und er wird dem Deutschen Nautischen Verein ein ganz vorzügliches Material liefern zu seinen Beratungen. (Beifall.)

Herr Ingenieur E. Capitaine-Düsseldorf:

Meine Herren, der Herr Vortragende hat nicht angegeben, welche Art von Motoren er ins Auge gefaßt hat, die hier für die Fortbewegung der Segelschiffe in Anwendung kommen sollen. Es scheint, daß er an Automobilmotore oder Unterseebootmotore, betrieben mit Benzin, gedacht hat, da er eine Umlaufzahl von 4—500 pro Minute annimmt. Eine Maschine, die mit so hoher Tourenzahl arbeitet ist für längeren Betrieb, namentlich im vorliegenden Falle, wo es sich um den Antrieb einer Schraube handelt, und für die hier in Betracht kommenden Kräfte nicht geeignet. Die schnellaufenden Maschinen werden zwar leicht und billig, sind aber wenig dauerhaft und betriebssicher. Der vom Herrn Vortragenden genannte Preis von M. 120 000.— für jenen schnellaufenden Motor ist meiner Meinung nach viel zu hoch angenommen, besonders, wenn derselbe mit flüssigem Brennstoff, wie Benzin oder Petroleum betrieben wird. Als Motorfachmann würde ich hier ganz entschieden von der Anwendung schnellaufender Motore abraten und vor allen Dingen von dem Benzinbetrieb Abstand nehmen.

Man hat heute eine vorzüglich durchkonstruierte Maschine, die mit weniger flüchtigen, flüssigen Brennstoffen arbeitet und dazu einen äußerst geringen Verbrauch aufweist. Es ist die unter dem Namen „Diesel-Motor“ bekannt gewordene Verbrennungskraftmaschine, an der ich, nebenbeibemerkt, auch einigen Anteile habe, indem ich die ersten Versuche in dieser Richtung gemacht habe. Diese Maschine ist von der Maschinenfabrik Augsburg konstruktiv so vollkommen durchgeführt worden, daß sie heute auf den geringen Verbrauch von weniger als 0,2 kg Petroleum pro Stunde und eff. Pferdekraft angelangt ist. Für den vorliegenden Fall gibt es kaum eine bessere Betriebskraft. Allerdings hat das Betriebsmittel seine mißliche Seite. Wenn der Bedarf an jenen, jetzt billigen Ölen sich stark steigert, wird auch der Preis steigen und da ist zu überlegen, ob nicht besser eine Gasmaschine zu benutzen wäre. Es bestehen heute keine Schwierigkeiten mehr, eine solche Maschine von 4—500 Pferdekräften für Schiffsbetrieb herzustellen. Der Vortragende geht auch darin fehl, wenn er meint, man müßte notwendig 2 Stück 200pferdige Gasmaschinen anwenden, um eine Kraft von 400 PS zu erreichen. Ich gestattete mir zu bemerken, daß gegenwärtig ein Schlepper auf dem Rhein fährt, der mit einer Sauggasmaschine von 175 eff. Pferdestärken ausgerüstet ist, wobei allerdings 5 Zylinder benutzt sind. Man kann aber sehr leicht auch größere Typen ausführen, die bereits bei 3 Zylindern die gleiche Kraft äußern, und so glaube ich, daß die mit Gas betriebene Maschine den Ölmotoren unter Umständen vorzuziehen sind. In keinem Falle kann es sich um eine Maschine handeln, die mit gereinigtem Öl arbeitet, weil dieses zu teuer sein würde. In Betracht kommen kann nur das Rohöl, oder die Rückstände des Erdöles.

In dem Wendegetriebe sehe ich keine Schwierigkeiten, doch hat man hiervon Abstand zu nehmen, weil die feste Schraube beim Segeln einen zu großen Widerstand darbietet und man notwendig zur verstellbaren Schraube greifen muß. Allerdings wird der Nutzeffekt der Schraube ein weniger vollkommener sein. Die verstellbare Schraube dürfte hier niemals durch eine feste Schraube ersetzt werden können, wenn man nicht zu dem Mittel greifen will, die Schraube während des Segelns dauernd mit motorischer Kraft zu drehen, oder eine Einrichtung zu schaffen, mit deren Hilfe man die Schraube beim Segeln vollständig entfernt.

Schließlich kann ich dem Herrn Vortragenden nicht Recht geben, wenn er sagt, daß die Möglichkeit, größere Frachtdampfer mit Gasmotoren auszurüsten, zurzeit nicht vorliege. Ich halte die Zeit für sehr naheliegend, wo wir größere Frachtschiffe mit Motoren betrieben sehen werden, und hierzu bemerke ich noch, daß die Firma William Beardmore & Co. Ltd. jene große Schiffsgasmaschine, über die ich an dieser Stelle vor zwei Jahren gesprochen habe, mit Erfolg in Betrieb gebracht hat, und daß die Betriebsresultate dieses Motors derartige sind, daß heute keine Bedenken mehr vorliegen können, Schiffe mit Kohlengasmaschinen auszurüsten, die 3—4000 Pferdestärken leisten.

Herr Marinebaumeister a. D. Neudeck-Kiel:

Meine Herren, die Motorenindustrie ist sicher Herrn Professor Laas sehr dankbar für den Hinweis, den er gegeben hat, und seine so sachlichen und richtigen Darlegungen auf großen Segelschiffen Motoren zu verwenden. Meine Firma, Gebrüder Körting, A.-G., hat mehrere Projekte ausgeführt. Wir haben uns nicht um die Projekte beworben, sondern die Anfragen sind an uns herangetreten, und wir haben in der verschiedensten Weise solche Projekte ausgearbeitet.

In der Hauptsache handelte es sich um Verwendung großer Körtingscher Zweitakt-Petroleummotoren, wie sie für Unterseebootszwecke mehrfach ausgeführt und in Verwendung sind. Es handelt sich für große Segelschiffe darum, eine Geschwindigkeit von ca. 6 Knoten pro Stunde zu erzielen, also um Leistungen von 5—600 PS. Die Aufstellung der dazu nötigen Betriebsarten ist an sich einfach und erfordert kaum den fünfzehnten Teil des Raumes einer Dampfanlage gleicher Leistung.

Die Körtingschen Motoren leisten bei 500 Umdrehungen ca. 250 PS, sodaß sie direkt ohne Schwierigkeiten zum Antrieb von Schiffsschrauben verwendet werden können, immerhin wird es rationell sein, bei so großen Schiffen die Umdrehungszahl herabzusetzen, und größere Schrauben zu verwenden. Die erste Schwierigkeit, die dabei eintrat war die, daß Riemenbetrieb, wie ihn Herr Professor Laas vorgeschlagen hat, und den ich technisch für durchführbar halte, seemännisch abgelehnt wurde. Es blieb also nur übrig, 2 Appregate von je 250 PS mit 500 Umdrehungen auf eine Stelle zu schalten, so daß eine Kuppelung zwischen Schraube und ersten Motor und eine zweite Kuppelung zwischen den beiden Motoren war. Eine direkte Kuppelung war zwischen dem zweiten Motor und dem Anlaßmotor von 60 PS der selbst noch mit Hand angedreht werden kann, und zum Andrehen der großen Motoren dient, außerdem zum Vorwärmen der großen Motoren. Auf den Rückwärtsgang sollte verzichtet werden, da während der Zeit des Durchfahrens der Tropenkalmen kaum ein Manöverieren mit der Maschine vorkommen würde und beim Einlaufen in die Häfen bei diesen langen Schiffen, doch nicht auf Schlepperhülfe verzichtet werden könnte, auch wenn über manövrierfähige kleine Maschinenkräfte verfügt würde.

Der zweite Vorschlag, der gemacht wurde, war zwei 250 PS Motoren einzusetzen mit zwei reversierbaren Schrauben auf jeder Seite. Auch gegen dieses Projekt wurden seemännisch Bedenken geltend gemacht, daß durch die seitlich freistehenden Schrauben sich längslaufende Enden und Trossen bekneifen könnten und die Anlage dadurch unbrauchbar werden könnte. Es blieb also nur eine Schraube in der Mitte übrig.

Es werden im nächsten Jahre wahrscheinlich mehrere solcher Anlagen (auch mit Sauggasbetrieb) zur Ausführung kommen. Diese Motoren-Anlage mit einer Schraube in der Mitte findet die geeigneteste Lösung in Verbindung mit einem elektrischen Betrieb, und zwar in folgender Weise. Die Schraube wird gekuppelt mit einem Elektromotor, der in der Lage ist, 500 PS aufzunehmen. Die beiden Aggregate von je 2 Petroleummotoren mit 2 Dynamomaschinen, die je 250 PS leisten und beliebig aufgestellt werden können, arbeiten in den Elektromotor. Ein Motor von 500 PS für Schiffsbetrieb geeignet, ist bisher noch nicht hergestellt; es sind Projekte für 600 PS jetzt im Gange, und es wird wahrscheinlich auch in Zukunft noch ein größerer Motor mit größerer Leistung als 250—300 PS entwickeln lassen, doch wird dies noch einige Zeit dauern; jedenfalls mußte mit den vorhandenen Leistungen gerechnet werden; — es wurden also zwei Anlagen mit 250 PS aufgestellt. Die beiden Aggregate waren mit Dynamomaschinen gekuppelt. Diese arbeiten in den Elektromotor an der Schraube, sodaß nicht bloß große variable Leistungen erzielt werden können, sondern man kann durch den Elektromotor auch die Schraube reversieren: die Reversierung bietet ja bekanntlich bei Motoren die größte Schwierigkeit, und es sind wohl Versuche im Gange, aber eine wirklich in sich reversible Maschine solcher Größe ist noch nicht hergestellt.

Jene Anlage in Verbindung mit Elektromotoren wurde etwas bemängelt wegen ihrer Kostspieligkeit. In der Tat ist sie teuer und kommt ungefähr einer Dampfmaschinenanlage gleich. Die Ersparnis aber, die der Inspektor einer Reederei bei Verwendung dieser Anlage herausrechnete, betrug pro Reise gegen die Dampfmaschinenanlage 70 000 M., sodaß schließlich in Erwägung gezogen wurde, doch diese Anlage auszuführen, die wahrscheinlich im nächsten Jahre — es ist noch nicht abgeschlossen — zur Ausführung kommen wird. Ich hoffe an dieser Stelle später genauere Angaben machen zu können, auch über Rentabilitätsberechnungen usw. Niedrige Brennstoffsverbräuche für große Motoren stehen bisher lediglich auf dem Papier. Die tatsächlich ausgeführten Motoren haben 0,35 kg Petroleum pro PS und Stunde verbraucht.

Ich wollte durch meine Worte die Herren über tatsächliche Sachlagen kurz orientieren.

Herr Schiffbauingenieur Isakson-Stockholm:

Herr Vorsitzender! Meine Herren! Der Herr Vorredner ist mir im wesentlichen zuvor gekommen. Ich bin über die beiden Diesel-Tankschiffe, die von ihm erwähnt wurden, die „Sarmat“ und die „Vandal“, etwas unterrichtet. Sie sind seit etwa drei Jahren auf der Wolga im Betriebe, und es dürfte bemerkt werden, daß die Erwartungen der Erbauer nach allen Richtungen hin erfüllt sind, und daß die beiden Schiffe, von denen jedes eine Tragfähigkeit von etwa 700 Tonnen besitzt, sich als so vorteilhaft erwiesen haben, daß jetzt ein Diesel-Schiff nach demselben Prinzip von 3000 Tonnen Tragfähigkeit und mit 1000 effektiven PS in Vorbereitung ist.

Meine Herren! Wie schon erwähnt, wird die Rückwärtsbewegung bei diesen Schiffen durch elektrische Übertragung nach dem del Proposto-Patent bewirkt, während die Dieselmotoren also immer in derselben Richtung arbeiten. Die elektrische Installation ist aber verhältnismäßig kostspielig, und deswegen tritt hier fortwährend das Umsteuerungsproblem in den Vordergrund. Bei kleinen Schiffen, bei Motorbooten, ist es, wie wir alle wissen, gelöst; bei großen Schiffen ist es auch zwar technisch gelöst, aber ökonomisch noch nicht vollständig. Wir ermangeln also noch einer Erfindung für größere Schiffe, die einen Motorbetrieb mit Umsteuerung für höhere Pferdestärken ermöglicht. Vielleicht liegt die Lösung dieser Aufgabe schon vor in einem direkt umsteuerbaren mittelgroßen Dieselmotor, der vom Stockholmer Ingenieur Hesselman soeben gebaut worden ist.

Herr Direktor Schulthes-Berlin:

Meine Herren! Ich bin in der Lage, Ihnen hier in einem Lichtbilde zu zeigen, wie eine derartige Anlage nach dem del Propostosystem sich, in einem Dampfer hineinprojektiert, gestaltet. Ich bin auf diesem Gebiete schon seit längerer Zeit projektierend und kalkulatorisch tätig gewesen und ich glaube, daß die Äußerung des Herrn Capitaine richtig ist, daß man für solche Anlagen Dieselmotoren mit Vorteil verwenden soll. Es können ja natürlich auch andere Motoren in Frage kommen, jedoch spielt die Ökonomie des Betriebes wohl die wesentlichste Rolle wie auch die Betriebssicherheit des verwendeten Brennstoffes. Ich glaube daher, daß hauptsächlich die Petroleummotoren diejenigen sein werden, welche man für den Antrieb solcher Schiffe in erster Linie benutzen wird.

Bei der Verwendung der elektrischen Kraftübertragung von Explosionsmotoren auf die Propellermotoren spielen die verhältnismäßig großen Kosten der Anlage insofern eine Rolle, als sie immer als Nachteil für die Anlage erwähnt werden. Mir scheint jedoch, daß bei genauerer Berechnung diese Kosten nicht so ungeheuer hoch sind, wie das von den Herren Vorrednern angedeutet wurde. Es ist vielmehr wahrscheinlich, daß man bei den Ausführungen zu Preisen kommen wird, welche diejenigen der Dampfmaschinenanlagen absolut nicht überschreiten, auf keinen Fall aber, wenn die Wirtschaftlichkeit genügend mit in die Rentabilitätsberechnung hineingezogen wird. Die Wirtschaftlichkeit ist aber gerade bei der elektrischen Kraftübertragung ganz außerordentlich gewahrt, und dieses trifft nicht allein für Dampfer zu, sondern ganz besonders auch für Segelschiffe mit Hilfsmaschinen. Bei diesen letzteren tritt nämlich der Fall ein, daß die Kraft, welche die Schrauben zum Betrieb des Schiffes brauchen, sich immer der jeweilig notwendigen zusätzlichen Kraft genau anpaßt, daß also, wenn die Segel dem Schiff bereits eine geringe Geschwindigkeit geben, die Schraube auch nur diejenige Kraft hergibt, welche für die Erzeugung der Mehrgeschwindigkeit notwendig ist, und zwar auf verhältnismäßig sehr ökonomische Art und Weise, jedenfalls auf bessere Art und Weise, als wenn ein Explosionsmotor direkt oder mit irgend einer anderen Übertragung auf die Schraube arbeitet. Es liegt dieses hauptsächlich darin, daß die Kurven des Wirkungsgrades der Dynamomaschine und des Elektromotors nicht so schroff abfallen wie bei den Explosionsmotoren, wenn ihre Tourenzahl geändert wird. Hieraus ergibt sich auch ein guter Wirkungsgrad bei einer langsameren Fahrt als derjenigen, welche der Volleistung des Explosionsmotors entsprechen würde.

Ein weiterer Vorzug der elektrischen Kraftübertragung für Explosionsmotoren liegt darin, daß es nicht notwendig ist, die Schraubenflügel verstellbar und gar reversierbar zu machen, denn der Elektromotor ergibt mit leichter Reguliermethode natürlich auch ohne weiteres die Tourenänderungen in fast beliebiger Grenze, sowie die Umsteuerbarkeit auf Rückwärtsgang.

Der Kraftverlust, welcher beim Segeln dadurch entsteht, daß die Schraube durch das Wasser in Drehung versetzt wird, ist bei der elektrischen Kraftübertragung ein sehr geringer, es bedarf nicht einmal der Abkupplung des Elektromotors von der Welle, sondern nur einer Vorrichtung, um die Bürsten vom Anker abzuheben. Der Arbeitsverlust durch Leerlauf des Ankers ist alsdann fast Null, da nur mechanische und keine elektrischen Verluste auftreten. (Hier wurden bei der Diskussion einige Lichtbilder gezeigt, welche in Fig. 64—66 wiedergegeben sind.)

Projektierter Umbau eines Frachtdampfers durch die Siemens-Schuckert-Werke Berlin.

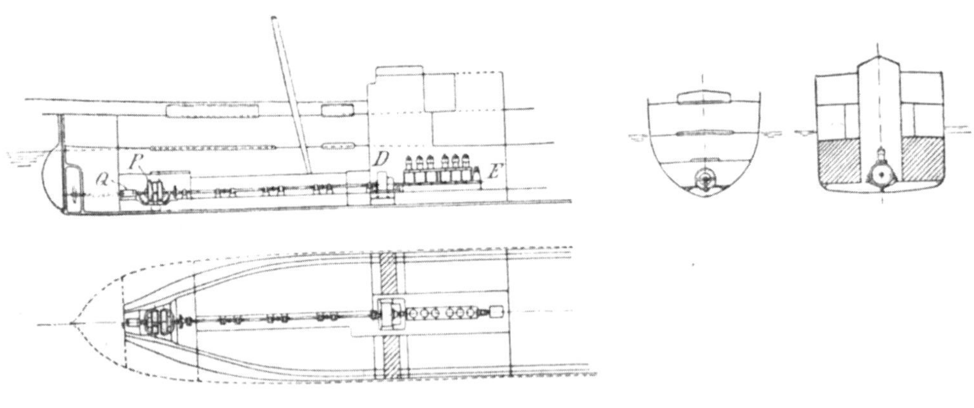

Fig. 64.

Fig. 64 zeigt einen Frachtdampfer, in welchem ein Dieselmotor von 500 ePS mit einer del Propostoanlage hineinprojektiert ist. Bei diesem Projekt sind nur ausprobierte Maschinen und Apparate verwandt worden.

In den alten Maschinenraum ist ein Dieselmotor E und eine Dynamomaschine D eingebaut. Die Wellenleitung führt in dem alten Wellentunnel nach hinten zum Propellermotorraum. In diesen Raum ist die elektromagnetische Kuppelung K der Propellermotor P und das Drucklager Q eingebaut. Man sieht an der Figur gleichzeitig, welche bedeutende Raumersparnis eingetreten ist, die fast sämtlich zu Ladezwecken Verwendung finden kann. Auch ist aus den Skizzen zu ersehen, daß der Raum zur Unterbringung des Brennstoffes sehr gering ist. Für den Propellermotor bedarf es eines besonderen Lichtschachtes nicht, da derselbe bei leerem Schiff durch die Ladeluken zum Zwecke von Reparaturen entfernt werden kann.

Wird eine ähnliche Anlage mit rein elektrischer Kraftübertragung ausgeführt, also nicht nach dem del Propostosystem, so kann man auch den Wellentunnel um die Wellenleitungen vollständig ersparen; die Kabel können auf beliebige Weise vom Maschinenraum nach dem Propellermotorraum verlegt werden, nur muß dann für einen Zugang des letzteren

Raumes eventl. von Deck aus gesorgt werden. Einer Bedienung der Motoren im Propellerraum bedarf es in der Regel nicht, sondern es genügt eine stündliche Visitation und Prüfung der Schmiervorrichtung.

Um nun gleichzeitig zu zeigen, daß die Bedienung solcher Art von Maschinenanlagen gar keine Schwierigkeiten bietet, ist die Anordnung in Fig. 65 schematisch dargestellt, und zwar ist bei dieser Anordnung davon ausgegangen, daß an Bord ohnehin eine elektrische Kraftquelle vorhanden ist, sei es eine elektrische Lichtmaschine oder sonst noch eine elektrische Maschine zum Zwecke des Antriebs von Hilfsmaschinen, in solchen Fällen natürlich gleichfalls von Explosionsmotoren betrieben. Die umgrenzten Apparate rechts befinden sich auf der Kommandobrücke des Schiffes, die übrigen Apparate unten im Maschinenraum bezw. die Kuppelung und der Motor im Propellermotorenraum, falls diese beiden Räume, wie in Fig. 64 vorgesehen, voneinander getrennt sind. Man sieht aus dieser Figur, daß vom Maschinenraum nach der Kommandobrücke lauter dünne Leitungen, also Leitungen mit nur schwachen elektrischen Strömen, führen. Die starken elektrischen Ströme liegen nur unten in dem Maschinenraum und bilden lediglich die Verbindung von Dynamomaschine

Schaltung mit Fremderregung.

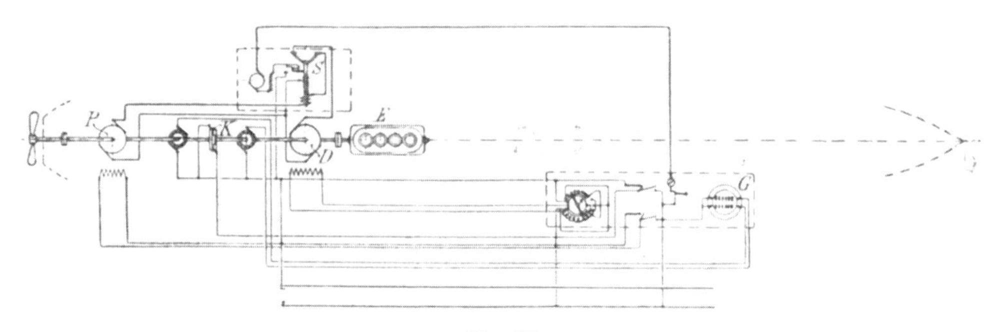

Fig. 65.

zum Propellermotor. Diese Leitungen sind auch diejenigen, welche den Preis beeinflussen, wobei gleichzeitig bemerkt werden mag, daß die Leitungsanlage an sich nur verhältnismäßig geringe Kosten verursacht.

Die Bedienung der Anlage gestaltet sich nun sehr einfach. Der Dieselmotor E wird in Betrieb gesetzt und läuft mit einer Tourenzahl von maximal 400 im vorliegenden Fall, oder einer niedrigeren Tourenzahl von 300, je nachdem, für welche Tourenzahl er gebaut ist. Je niedriger die Tourenzahl, desto größer das Gewicht des Motors bei gleicher Leistung. Man kann jetzt schon Dieselmotoren mit 400 Umdrehungen ganz gut bauen. Der Dieselmotor läuft also und erzeugt in der Dynamomaschine den elektrischen Strom; es steht nunmehr dem Schiffsführer frei, von der Kommandobrücke aus diesen elektrischen Strom in den Propellermotor zu senden und den Motor in beliebige Drehung zu versetzen. Die elektromagnetische Kuppelung K ist hierbei zunächst gelöst. Auf rein elektrischem Wege kann man sowohl Rückwärtsfahrt, wie halbe und volle Kraft des Propellermotors von der Kommandobrücke aus einstellen. Die Reguliermethode bei der rein elektrischen Kraftübertragung, also bei gelöster Kuppelung, ist diejenige der Ward-Leonardschen Schaltung. Sie ermöglicht in weitgehendstem Maße die Regulierung von Motoren allergrößter Leistung und würde es theoretisch möglich sein, die Regulierung so fein einzustellen, daß der Propeller in 24 Stunden nur eine Umdrehung macht, woraus hervorgehen mag daß die Regulierung ganz ausgezeichnet funktioniert. Hat nun der Schiffsführer durch Betätigung seiner Apparate auf der Kommandobrücke seine volle Fahrt erreicht, so sieht er an dem Tourenzeiger G, daß der Dieselmotor und die Propellerwelle gleiche Umdrehungszahlen haben. Er kann nunmehr mit den gleichfalls auf der Kommandobrücke befindlichen Schaltern die elektromagnetische Kuppelung K kuppeln und tritt alsdann ganz von selbst, indem der Elektromotor P durch den Dieselmotor E entlastet wird, die Dynamomaschine in elektrischer Beziehung außer Funktion und der Dieselmotor arbeitet direkt auf den Propeller. Der elektrische Stromkreis wird durch den automatischen Apparat S selbsttätig ausgeschaltet. Jeden Augenblick ist aber der Schiffsführer in der Lage, seine elektrische Leitung von der Kommandobrücke aus wieder einzuschalten, es würde jedoch zu weit führen, hier auf alle Einzelheiten einzugehen.

Fig. 66 zeigt im wesentlichen dieselbe Anordnung wie Fig. 65, jedoch ist der automatische Apparat S nach oben auf die Kommandobrücke verlegt, was eine Vereinfachung der Bedienung dieses Apparates mit sich bringt, jedoch zur nachteiligen Folge hat, daß die Leitungen, welche starken, elektrischen Strom führen, bis auf die Kommandobrücke hinaufgeführt werden müssen. Außerdem ist in dieser Anlage die für die Erregung

Schaltung mit eigener Erregermaschine.

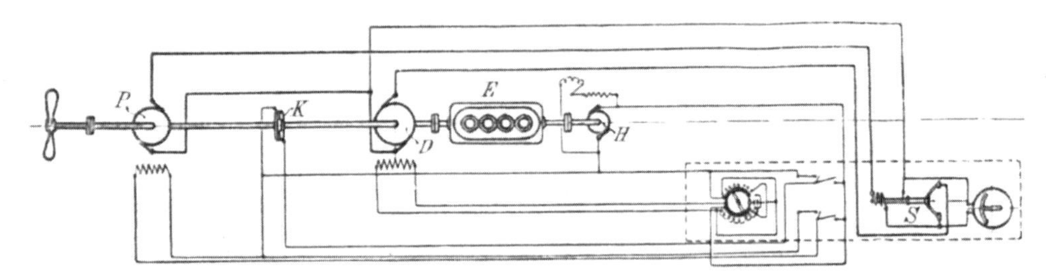

Fig. 66.

der Magnetwicklung der Propellermotoren notwendige elektrische Energie von einer kleinen Dynamomaschine H erzeugt, welche gleichfalls auf die Welle des Dieselmotors E aufgesetzt ist.

Die Dynamomaschinen könnten natürlich auch zur Lichterzeugung oder zur Erzeugung von Kraft zum Betriebe von Hilfsmaschinen verwendet werden; bei Segelschiffen auch während der Reise in dem Falle, daß der Propeller nicht in Tätigkeit ist, indem die elektromagnetische Kuppelung K alsdann gelöst ist. Naturgemäß ist es leicht möglich, auf Dampfern und Segelschiffen statt eines Dieselmotors 2 Dieselmotoren aufzustellen und kann sogar auch bei der Aufstellung von 2 Dieselmotoren mit einem Propeller gearbeitet werden, indem der zweite Dieselmotor rein elektrisch auf die Propellerwelle arbeitet, während der erste direkt mit derselben gekuppelt wird.

Ich möchte nunmehr noch einiges in bezug auf die Gewichtsfrage bemerken und hierzu einige Zahlen angeben:

Die Gewichte bei einer solchen Anlage, wie sie in Fig. 64 dargestellt ist, jedoch nicht nach dem del Propostosystem, sondern mit reiner elektrischer Kraftübertragung, betragen bei einer Leistung von 200 ePS an der Schraubenwelle und einer Umdrehungszahl der Schraubenwelle von 200 pro Minute und einer Umdrehungszahl des Dieselmotors von 500 pro Minute 116 kg pro ePS, bei einer Leistung von 500 ePS an der Schraubenwelle und einer Umdrehungszahl von 150 pro Minute an der Schraubenwelle und 500 am Dieselmotor

93 kg pro ePS. Bei der Anwendung des del Propostosystems, wo die Umdrehungszahl des Propellers und des Dieselmotors bei der Maximalleistung die gleiche ist, stellen sich die Gewichte ungefähr gleich, indem das Gewicht der Schraubenwelle hinzutritt, dafür aber der Elektromotor seiner höheren Tourenzahl wegen bei der Maximalleistung leichter gebaut werden kann.

Meine Herren! Ich habe hier soeben darauf hingewiesen, daß die Schraubenwelle bei dem del Propostosystem bei Maximalleistung dieselbe Umdrehungszahl haben muß, wie der Explosionsmotor. Dieses ist für die rein elektrische Kraftübertragung nicht notwendig. Man kann bei derselben die Tourenzahl der Schraube erniedrigen, wodurch man an Gewicht spart, indem einmal die Wellenleitung fortfällt, das andere Mal die Umdrehungszahl der Explosionsmotoren bis an die höchst zulässige Grenze erhöht und dadurch das Gewicht des Explosionsmotors wesentlich vermindert werden kann. Die an die Propellerwelle hierbei abgegebene Leistung vermindert sich naturgemäß alsdann um den Wirkungsgrad der Dynamo multipliziert mit dem Wirkungsgrade des Motors und wird dieser Wirkungsgrad insgesamt sich etwa auf 0,84 stellen, während sich beim del Propostosystem der Verlust durch die elektrische Übertragung nur beim Manövrieren und bei verminderter Leistung einstellt, wogegen bei maximaler Leistung ein Verlust nur durch die geringen Reibungsverluste der Wellenleitung entsteht. Es müssen also beim rein elektrischen Kraftübertragungssystem die elektrischen Aggregate während der ganzen Fahrt laufen. Es ist dieses aber wahrscheinlich kein Nachteil, denn es wird vermutlich dadurch der Gesamtwirkungsgrad nicht schlechter weil durch die Erniedrigung der Umdrehungszahl der Schrauben der Wirkungsgrad der Schrauben in bezug auf die zur Bewegung des Schiffes notwendige Leistung wesentlich besser ist als bei der hohen Umdrehungszahl der Schrauben mit direktem Antriebe vom Explosionsmotor aus. Es wird also wahrscheinlich der Verlust, der in der elektrischen Kraftübertragung entsteht, nicht allein durch den besseren Wirkungsgrad der Schrauben aufgewogen werden, sondern wahrscheinlich eine solche Anlage im Wirkungsgrade noch besser sein als eine del Propostoanlage.

Es wäre zu hoffen, daß auch auf einem der größeren Segelschiffe mit Hilfsmaschinenantrieb eine derartige Anlage möglichst bald ausprobiert wird.

Herr Ingenieur W. Möller-Hamburg

Da ich in dem Vortrage des Herrn Professor Laas die Erwähnung eines ganz besonderen Typs moderner Segler vermisse, gestatten Sie mir an dieser Stelle darauf hinzuweisen.

Herr Professor Laas sagt, die Vorteile der Schonertakelung komme nur für große Küstenfahrt zur Geltung. Hierbei denkt man an die zu Anfang des Vortrages erwähnten großen amerikanischen Schoners, da ja eigentlich nur in Nord-Amerika diese großen Fahrzeuge bisher Verwendung fanden. Der Grund für diese Verwendbarkeit gerade an der amerikanischen Küste ist darin zu finden, daß infolge der beträchtlichen Temperaturdifferenz bei Tage und bei Nacht vom Lande kommende, resp. dem Lande zustrebende Winde gerade an diesen Küsten vorherrschen. Diese West- bezw. Ostwinde sind natürlich dem Segler bei hier fast nur in Frage kommendem nord-südlichen Kurs sehr günstig. Begreiflicherweise fallen diese günstigen Verhältnisse bei der Fahrt über den Atlantic weg.

Dennoch hatte eine Liverpooler Firma den Mut, im Jahre 1888 bei der Werft John Reid & Co. in Port Glasgow den Schoner „Tacora“ für Atlantic-Fahrt bauen zu lassen, der die ganz respektable Länge von 205 Fuß hat, und sich bis heute noch bewährt. Der beste Beweis, daß dieser Typ Befriedigung gab, wird erbracht durch das Faktum, daß 4 Jahre später von derselben Firma die „Rimac“ in Auftrag gegeben wurde, welcher Segler noch 6 Fuß länger als die „Tacora“ ist.

Daß nun aber unter deutscher Flagge auch große Schoner fahren, dürfte meines

Erachtens in dem so sorgsam ausgearbeiteten Vortrage des Herrn Professor Laas nicht unerwähnt bleiben. Im Jahre 1904 kamen in Greenwich auf der Werft der Gr. & Gr. Dockyard Co. für Hamburger Rechnung die beiden großen Viermastschoner „Mozart" und „Beethoven" zur Ablieferung. Der Englische Lloyd nennt diese Schiffe Barkantinen, da der Vordermast Raaen trägt, in diesem Falle fünf. Bei dieser Gelegenheit möchte ich darauf hinweisen, daß

Barkantine „Beethoven".

Fig. 67.

die Bezeichnung für diese spezielle Takelung bei uns noch nicht endgültig festgelegt ist; eine mir bekannte staatliche Behörde kann sich z. B. für die Bezeichnung „Barkantine" bei diesem Typ nicht begeistern.

Die Abmessungen der „Beethoven" und der „Mozart" sind 79,25 m × 12,35 m × 7,77 m bei 2000 Reg. tons. Der Völligkeitsgrad ist 0.66. (Fig. 67 u. 68).

Es war nicht leicht Kapitäne zu finden, die die Führung dieser Fahrzeuge übernehmen wollten, denn wenn auch die Takelage zweifellos einfacher wie auf einem vollgetakelten

Additional information of this book

(Die Grossen Segelschiffe); 978-3-642-51283-4; 978-3-642-51283-4_OSFO12) is provided:

http://Extras.Springer.com

Schiffe ist, so ist es doch nicht jedermanns Sache mit Schonersegeln zu arbeiten, deren unterer Baum die respektable Länge von ca. 15,25 m hat. Die Gaffeln sind über 12,20 m lang. Die Fläche jedes dieser Segel ist 241,8 qm. Vergleichsweise erwähne ich hier, daß der Baum des Besansegels der „R. C. Rickmers" ca. 50 Fuß lang ist, die Fläche beträgt aber nur ca. 158,0 qm.

Wenn ein solcher Baum durch Brechen eines Blocks oder dergleichen seine eigenen Wege geht und über Deck hinwegfegt, so ist es nicht so leicht, ihn wieder einzufangen. Diese Schwierigkeit wurde mir mal recht drastisch durch einen amerikanischen Schonerkapitän nahe gebracht durch folgende Schilderung: Ein Dampfer trifft einen großen Schoner, den der Kapitän scheinbar nicht mehr in der Hand hat. Der Dampfer-Kapitän will Hilfe anbieten und ruft durchs Sprachrohr: „Who is in command of that vessel?" worauf ihm eine geknickte Stimme antwortet: „Before that blessed boom got loose, I was".

Als die beiden Segler „Mozart" und „Beethoven" fertig gestellt waren, war man natürlich sehr gespannt, ob dieser Typ ein Erfolg sein würde oder nicht. Es traf beides ein: Die „Beethoven" brauchte von Port Talbot nach Callao ca. 95 Tage und die „Mozart" von Falmouth nach Iquique 105 Tage. Die Abfahrt beider Schiffe von England erfolgte am selben Tage. Eine Reisedauer von Port Talbot nach Callao von 95 Tagen ist wohl kaum als eine lange zu bezeichnen. Weitere Reiseresultate stehen mir leider nicht zur Verfügung. Da oben erwähnte 4 Segler nun mehrere Jahre fahren, komme ich zu der Anschauung, daß das endgültige Urteil über diesen Typ noch keineswegs gefällt ist.

Vom kaufmännischen Standpunkt liegt der Vorteil des von mir angeführten Typs gegenüber den vollgetakelten Seglern darin, daß

1. die Besatzung eine kleinere sein darf;
2. die Baukosten eines solchen Schiffes infolge der einfachen Takelung kleiner werden, und
3. die Reparaturrechnungen für Deck, d. h. für Segel, Tauwerk, Takelung, Blöcke usw. kleiner sein müssen als bei einem voll getakelten Schiffe.

Beispielsweise besteht die Mannschaft der „Mozart" und „Beethoven" aus Kapitän, 3 Steuerleuten, Bootsmann, Zimmermann, Koch, Steward und 8 Vollmatrosen und außerdem sind 12 Jungen an Bord, oder wie man, — seitdem das Tauende als Lehrmittel ausgeschieden ist, und die Jungen für den Genuß der Ausbildung noch Honorar bezahlen, — sagt, Kadetten. Die Zahl der Besatzung beträgt also ohne Jungen 15 Mann, mit Jungen 27. Wenn man hiermit nun ein vollgetakeltes Schiff vom demselben Tonnengehalte vergleicht, so wird man finden, daß das usuelle 26—28 Mann ist, alles bezahlte, ihren Posten ausfüllende Leute. Eine Ökonomie im Gagenetat ist also nicht wegzuleugnen.

Durch Erwähnung obiger Tatsachen beabsichtigte ich die Kritik der Fachmänner herauszufordern, die in der Lage sind aus eigener Anschauung uns zu sagen, ob der große Schoner, respektive die Barkantine tatsächlich schon, wie Herr Professor Laas sagte, für den Atlantic-Verkehr von der Bildfläche verschwinden soll, oder ob mit einigem guten Willen und Hintenansetzung bestehender Vorurteile nicht doch noch vielleicht dieser Schiffstyp zu neuem Leben erweckt werden könnte.

Der Vorsitzende, Herr Geheimrat Busley-Berlin:

Wünscht noch einer der Herren das Worte zu dem Vortrage? — Das Wort wird nicht gewünscht. — Dann erteile ich Herrn Professor Laas das Schlußwort.

Herr Professor W. Laas-Charlottenburg (Schlußwort):

Meine Herren! Zunächst gebe ich der Freude darüber Ausdruck, daß mein Vortrag eine so interessante Diskussion veranlaßt hat. Dann möchte ich dem letzten Redner danken für die

Ergänzung meiner Mitteilungen über große deutsche Segelschiffe durch seine Angaben über die großen Schoner. Ich habe bei den Einwendungen des Herrn Möller einen Vergleich über die Tragfähigkeit der Schiffe vermißt; einen Schoner muß man doch wohl in seinen Linien schärfer halten als ein Raaschiff. Dadurch wird natürlich die Tragfähigkeit vermindert, und deshalb wird zum Teil für die große Fahrt mit Schwergut die Ersparnis an Mannschaft wieder ausgeglichen. Für die große Küstenfahrt, welche weniger Schwergut als Stückgut befördert, kommen die Vorteile der Schonertakelung voll zur Geltung.

Zu den vielen Anregungen, welche die anderen Herren gegeben haben, möchte ich mir noch einige Worte erlauben.

Ich habe mit Absicht in meinen allgemein Erörterungen keinen bestimmten Motor genannt, um erst einmal die Frage zu klären, ob überhaupt der Einbau von Hilfsmotoren in die Segelschiffe möglich und wünschenswert ist. Nachdem aber Herr Capitaine die Gasmaschine hier vertreten hat, möchte ich doch bemerken, daß, von allen anderen abgesehen, meines Wissens eine Gasmaschinenanlage nicht leichter wird als eine Dampfmaschinenanlage und aus diesem Grunde für den vorliegenden Zweck als Hilfsmaschine für ein Segelschiff wohl ebensowenig in Frage kommen kann wie Dampfmaschinenanlagen, deren Nachteile, wie im Vortrage eingehend auseinandergesetzt, in der Verringerung der Tragfähigkeit liegen, welche direkte Kosten verursacht. Sollte es wirklich möglich werden, daß auch Frachtdampfer mit der Zeit sich an den Fortschritten der Motorindustrie beteiligen, so liegt das jedenfalls noch in weiter Zukunft, und nach meiner Ansicht muß die Segelschiffahrt den ihr augenblicklich gegebenen Vorteil ausnützen. Zurzeit sind eben die vorhandenen Motorgrößen für Segelschiffe ausreichend, für Dampfer aber nicht. Nutzt der Segelschiffbau diesen günstigen Umstand nicht aus, so ist es nicht zu verwundern, wenn derselbe weiter in den Hintergrund gedrängt wird.

Die Verbindung der Motoren mit elektrischem Antriebe hat zweifellos große Vorzüge, und ich glaube wohl, daß sehr viele Nachteile der anderen Anordnungen damit vermieden werden. Dagegen hat dieselbe einen großen Nachteil; die hohen Anlagekosten und bei der geringen Zeit, die eine Hilfsmaschine auf einem Segelschiff Verwendung findet, sind die Anlagekosten doch einer der wichtigsten Vergleichspunkte bei der Wahl der Anlage.

Geht es ohne Elektrizität, so ist das zweifellos ein Vorteil, denn je einfacher die Anlage wird, um so eher wird sie im Stand gehalten werden können; und ich meine, daß ein Seemann sich noch leichter mit einem Riementrieb befreunden kann, den er mit Bordmitteln repariert, als mit dem elektrischen Zwischentrieb, für den unbedingt ein Elektriker an Bord sein muß.

Die elektrische Anlage mit Motoren kommt m. E. erst dann ausschließlich in Frage, wenn auch die Winden usw. an Deck mechanisch, d. h. elektrisch betrieben werden sollen; da dies erstrebenswert ist zur Verminderung der Mannschaft, erscheint mir ein weiteres Durcharbeiten solcher Entwürfe wohl der Mühe wert.

ch habe mich selbstverständlich, bevor ich hier meinen Vortrag im allgemeinen festlegte, sehr eingehend mit allen diesen Fragen beschäftigt, habe mich auch mit den verschiedenen Firmen in Verbindung gesetzt und habe eben daraus die Kosten, die ich angegeben habe, ermittelt. Wenn Herr Capitaine die Kosten für zu hoch hält, so glaube ich daß derselbe den Umbau des Schiffes nicht berücksichtigt hat. Durch den Einbau eines Motors in ein fertiges Schiff oder durch den Einbau einer Motoranlage in ein im Bau befindliches Schiff werden am Schiffskörper eine ganze Anzahl Umänderungen notwendig; ich hatte daher eher erwartet, daß die angegebenen Kosten eher für zu niedrig gehalten würden als für zu hoch. Sollte es aber möglich sein, sie zu verringern, so ist das natürlich für die Frage nur von großem Vorteil.

Es ist mir leider erst in den letzten Tagen gelungen, für den Entwurf einer Hilfsmaschinenanlage einer Viermastbark eingehende Angaben über die Dieselmotoren zu bekommen. Ich habe von vornherein die Dieselmotoren aus dem Grunde näher ins Auge gefaßt, weil sie geringere Umdrehungen machen, und dadurch vielleicht auch den Riementrieb vermeiden können, und weiter, weil sie sehr geringen Ölverbrauch haben — wie schon erwähnt, etwa die Hälfte der übrigen Motoren — und als dritten Vorteil den haben, daß sie Texasöl verwerten können, welches im Ausland etwa zu demselben Preis zu haben ist wie Kohlen; in Gegenden, wo keine Kohle gefunden wird, z. B. Südamerika, bewegt sich der Preis des Texasöls zwischen 30 und 40 M. pro Tonne, während Benzin oder raffiniertes Petroleum oder andere Brennmittel das Drei- bis Vierfache kosten. Der einzige Nachteil der Dieselmotoren für den vorliegenden Zweck ist ihr bedeutend höheres Gewicht. Ein Dieselmotor von 200 eff. PS und 160—180 Umdrehungen wiegt etwa 40 t, während die anderen Motoren mit 500 Umdrehungen, Körting-, Thornycroft-, Daimler-, Gardnermotoren, etwa 4 bis 6 t wiegen. Dieser Nachteil des größeren Gewichts, welcher für den vorliegenden Zweck von großer Bedeutung ist, wird aber bei den Dieselmotoren zum großen Teil dadurch wieder ausgeglichen, daß sie etwa nur die Hälfte des Brennmaterials verbrauchen. Das gesamte tote Gewicht, das ein Segelschiff mit Hilfsmaschinen aufnehmen müßte, ist also bei den anderen Motoren nahezu das gleiche wie bei den Dieselmotoren, und es dürfte daher als Hilfsmotor für Segelschiffe zunächst der Dieselmotor in Frage kommen; doch ist es nicht ausgeschlossen, daß auch andere Motoren wesentliche Vorteile ergeben, welche ihre Nachteile gegenüber den Dieselmotoren wieder ausgleichen. (Lebhafter Beifall.)

Der Vorsitzende, Herr Geheimrat Busley-Berlin:

Meine Herren! Wir können uns Glück wünschen, daß wir Herren unter uns haben, welche, wie Herr Professor Laas, in ganz selbstloser Weise eine Arbeit von mehreren Monaten nicht scheuen, um uns hier einen so wohl vorbereiteten und mit so wertvollem Material ausgestatteten Vortrag zu halten. Ich bin überzeugt, daß die Arbeit des Herrn Professor Laas die Wertschätzung, die unser Jahrbuch bei unseren ausländischen Fachgenossen erfährt, noch erhöhen wird. Ich spreche deshalb Herrn Professor Laas im Namen der Versammlung nicht nur unseren verbindlichsten, sondern auch unseren lebhaftesten Dank aus. (Rauschender, lange andauernder Beifall.)

Anhang I.

Auszüge aus den französischen Schiffahrtsgesetzen.

Loi de la Marine marchande du	29. Janvier 1881.	(Bulletin des Lois No.	592.)
„ „ „ „ „	30. Janvier 1893.	(„ „ „	1530.)
„ „ „ „ „	7. Avril 1902.	(„ „ „	2372.)

a) Gesetz vom 29. Januar 1881.

Art. 4. Als Ausgleich für die Lasten des Zolltarifs werden den Werften folgende Ansprüche zugebilligt:

für Schiffe in Eisen oder Stahl	60 Frcs.	pro Brutto-Register-Tonne,
„ „ „ Holz von 200 To. oder mehr .	20 „	
„ „ „ „ unter 200 To.	10 „	
„ Composit-Schiffe	40 „	
„ Maschinen und Hilfsmaschinen an Bord der Dampfer einschließlich Kesselanlage	12 „	pro 100 kg.

Art. 9. Zum Ausgleich für die Lasten, welche der Handelsmarine für die Rekrutierung und den Dienst in der Kriegsmarine auferlegt sind, wird für 10 Jahre nach der Veröffentlichung dieses Gesetzes, den französischen Segel- und Dampfschiffen eine Schiffahrtsprämie bewilligt. Diese Prämie gilt nur für Schiffe in langer Fahrt. Die Prämie beträgt für jede Netto-Register-Tonne und 1000 durchlaufene Meilen 1,50 Frcs. für in Frankreich gebaute Schiffe und vermindert sich jährlich um 0,075 Frcs. für Schiffe aus Holz oder Composit

„ 0,05 „ „ „ „ Eisen.

Für im Ausland gebaute Schiffe beträgt die Prämie nur die Hälfte. Die Zahl der durchlaufenen Meilen wird berechnet nach dem Abstande des Abgangs- und Ankunftshafens, gemessen auf der direkten Fahrt-Linie.

b) Gesetz vom 30. Januar 1893.

Art. 1. Definitionen von „Lange Fahrt", „Internationale Küstenfahrt", „Französische Küstenfahrt"; Lange Fahrt muß außerhalb der folgenden Grenzen gehen: 30° und 72° nördlicher Breite; 15° westlicher und 44° östlicher Länge (Pariser Meridian).

Art. 2. Als Ausgleich für die Lasten des Zolltarifs werden den Werften folgende Ansprüche zugebilligt:

für Segel- oder Dampfschiffe aus Eisen oder Stahl	65 Frcs.	pro Brutto-Register-Tonne.
„ Schiffe aus Holz von 150 To. oder mehr . . .	40 „	
„ „ „ „ unter 150 To.	30 „	

Art. 3. Für Maschinen und Hilfsmaschinen (Dampfpumpen, Hilfsmotore, Dynamo-, Rudermaschinen, Ventilatoren, soweit mechanisch bewegt) neueingebaut in Dampf- und Segelschiffe ebenso für die dazugehörige neue Kesselanlage 15 Frcs. pro 100 kg.

Art. 4. Diese Prämie wird für Schiffe, welche in Frankreich für fremde Handelsmarinen gebaut werden, erst fällig, wenn das Schiff seine Fahrt aufgenommen hat.

Art. 5. Als Ausgleich für die Lasten, welche der Handelsmarine für die Rekrutierung und den Dienst in der Kriegsmarine auferlegt sind, wird von der Veröffentlichung dieses Gesetzes an eine Schiffahrtsprämie bewilligt für alle in Frankreich gebauten Segelschiffe über 80 Br.-Reg.-To. und Dampfschiffe über 100 Br.-Reg.-To. Diese Prämie wird bezahlt während 10 Jahren, gerechnet von der Fertigstellung für die in Frankreich während der Giltigkeit des Gesetzes gebauten Schiffe, welche in der langen Fahrt und internationalen Küstenfahrt beschäftigt werden.

Art. 6. Für im Ausland gebaute Schiffe ist und bleibt die Prämie aufgehoben. Die Prämie beträgt pro Brutto-Register-Tonne und 1000 Meilen:

1,10 Frcs. f. Dampfer (jährl. Abnahme 0,06 Frcs. f. Holzschiffe, 0,04 Frcs. f. Eisen- oder Stahlschiffe)
1,70 „ Segler „ „ 0,08 „ „ 0,06 „ „ „ „

Im Ausland gebaute Schiffe, welche vor dem 1. Januar 1893 französisch geworden sind, erhalten nur die Hälfte der Prämie.

Schiffe der internationalen Küstenfahrt erhalten $^2/_3$ der Prämie.

Art. 12. 4 % der Prämie werden zurückbehalten für die Kasse der Invaliden der Marine.

Art. 13. Die Dauer des Gesetzes ist festgesetzt auf 10 Jahre von seiner Veröffentlichung (31. Januar 1893).

c) Gesetz vom 7. April 1902.

Art. 1. Zum Ausgleich für die Lasten der Handelsmarine werden Prämien für die Ausrüstung (compensation d'armement) und für die Schiffahrt (prime à la navigation) bewilligt an Reedereien, welche der Mehrzahl nach aus Franzosen bestehen und von Franzosen verwaltet werden.

Art. 2. Ausrüstungsprämie wird bewilligt für im Ausland aus Eisen oder Stahl gebaute Dampfer, ausgerüstet unter französischer Flagge für lange Fahrt oder internationale Küstenfahrt, und beträgt pro Brutto-Register-Tonne und Tag der Indiensthaltung mit voller Besatzung (höchstens 300 Tage im Jahr) in langer Fahrt: 0,05 Frcs. für Schiffe bis 2000 To. (0,04 von 2000—3000 To., 0,03 von 3000—4000 To., 0,02 Frcs. für Schiffe über 4000 To.); Schiffe über 7000 To. erhalten dieselbe Prämie, als ob sie nur 7000 To. groß wären.

Art. 3. Schiffahrtsprämie erhalten alle in Frankreich gebauten Schiffe, die größer als 100 Br.-Reg.-To., welche unter französischer Flagge in langer Fahrt beschäftigt sind und zwar pro Brutto-Register-Tonne und 1000 durchlaufene Meilen:

a) Dampfer 1,70 Frcs. für das erste Jahr, jährlich abnehmend bis auf 0,64 im 12. Jahr. Die Anfangsprämie (und entsprechend die folgenden) nimmt außerdem ab bei Schiffen über 3000 Br.-Reg.-To. und beträgt für Schiffe von 7000 To. 1,50 Frcs. Dampfer von mehr als 7000 Br.-Reg.-To. gelten als Schiffe von 7000 To.

b) Segler 1,70 Frcs. für das erste Jahr; während der ersten 4 Jahre jährlich abnehmend um 0,02, während der nächsten 4 Jahre um 0,04, und der nächsten 4 Jahre um 0,08 Frcs. Die Anfangsprämie nimmt ab für Schiffe über 600 To. um 0,10 Frcs. pro 100 To. bis 1000 To. (1,30 Frcs.).

Segelschiffe über 1000 Br.-Reg.-To. werden für die Prämie als Schiffe von 1000 To. gerechnet. Die Prämie wird bezahlt während 12 Jahren von der Fertigstellung für jedes während der Dauer des Gesetzes in Frankreich gebaute Schiff. Die Berechnung der Meilen ebenso wie 1881.

Art. 4. 5 % der Prämien werden für Versorgung der Seeleute abgezogen.

Art. 5. Schiffe der Internationalen Küstenfahrt erhalten nur $^2/_3$ der Prämien.

Art. 6. In Frankreich gebaute Dampfer können für jede Reise wählen zwischen Ausrüstungs- oder Schiffahrtsprämie.

Von den Prämien ausgeschlossen sind:

e) Schiffe, welche von Abgang aus französischen Häfen bis Rückkehr in französische Häfen nicht Güter transportirt haben von mindestens $^1/_3$ (in Lasttonnen) des Netto Raumgehalts (in Register-Tonnen), und dies für mindestens $^1/_3$ der durchlaufenen Meilen.

Art. 7. Die Prämien nach diesem Gesetz können gewährt werden nur für im ganzen 500000 Br.-Reg.-To. für Dampfer (davon muß mindestens $^3/_5$ in Frankreich gebaut sein) und 10000 Br.-Reg.-To. für Segler.

Art. 10. Art. 5 und 6 und die Paragraphen 1, 3—7 des Artikels 7 des Gesetzes vom 30. Januar 1893 werden aufgehoben. Die Dauer der Wirkungen des Gesetzes beträgt 12 Jahre; ebenso lange gilt Artikel 1—4 (Bauprämien) und andere des Gesetzes vom 30. Januar 1893. Die Dauer des Gesetzes beträgt 10 Jahre.

Art. 12. Die bereits unter französischer Flagge fahrenden, sowie die vor dem 1. Mai 1902 angefangenen und vor dem 30. Januar 1903 fertiggestellten Segelschiffe können auf Antrag die Vorteile des Gesetzes vom 30 Januar 1893 erhalten; die Gesamtzahl der nach dem 1. Januar 1902 angefangenen Segelschiffe darf aber nicht mehr als 45000 Brutto-Register-Tonnen betragen.

Art. 13. Die im Artikel 12 genannten Schiffe müssen auf $^2/_5$ ihrer Fahrten mindestens $^2/_3$ (in Lasttonnen) ihres Netto-Raumgehalts (in Register-Tonnen) transportiert haben.

Art. 23. Der Gesamtbetrag der Prämien für Ausrüstung und Schiffahrt, der auf Grund dieses Gesetzes bezahlt wird, darf 150 Millionen Frcs. nicht überschreiten, davon höchstens 15 Millionen für Segelschiffe.

Art. 24. Der Gesamtbetrag der Bauprämien (prime de construction) nach Artikel 2—4 vom 30. Januar 1893 (300000 To. Dampfer, 100000 To. Segler, s. Art. 7) darf 50 Millionen Frcs. nicht überschreiten; jährlich darf nicht für mehr als 50000 To. Dampfer und 15000 To. Segler die Prämie bewilligt werden. Für das erste Jahr rechnen die vor dem 13. März 1902 angefangenen Schiffe nicht mit.

d) Seit 1893 in Frankreich aus Stahl oder Eisen gebaute Segelschiffe

(über 50 Br.-Reg.-To.).

Im Jahr	Zahl	Br.-Reg.-To.	mittlere Größe rund	Bemerkungen
1893	3	1 793	600	nach Congrès International de la Marine Marchande, Paris 1900. Paris, P. Dupont 1901, Bericht von M. Mayer, Situation des Marines Marchandes
1894	6	3 537	590	
1895	4	7 019	1 750	
1896	14	25 958	1 850	
1897	18	43 640	2 430	
1898	11	25 740	2 340	nach Statistik des Bureau Veritas
1899	34	59 589	1 750	
1900	40	95 954	2 400	
1901	38	90 233	2 370	
1902	60	156 016	2 600	
1893—1902	228	509 480	2 240	
1903	2	3 491	1 740	nach Statistik des Bureau Veritas
1904	3	401	133	
1905	—	—	—	

e) Französische Bau- und Schiffahrtsprämien seit 1892.

Nach: Budget de l'Exercise, Ministère du Commerce et de l'Industrie 1892—1905.

Etats-jahr	In den Etat eingestellte Subvention de la Marine marchande			Bezahlte Gesamt-Prämien	Mehr bezahlt als i. Etat vorgesehen	
	Primes à la construction des navires	Primes à la navigation au long cours et au cabotage international	Gesamt-Prämien Mill. Frcs.	Mill. Frcs.	Mill. Frcs.	%
	Mill. Frcs.	Mill. Frcs.				
1892	—	—	10,5	57,8	5,3	10
1893	—	—	10,5			
1894	—	—	10,5			
1895	—	—	10,0			
1896	3,000	8,500	11,5			
1897	3,000	8,000	11,0	17,1	6,1	55
1898	3,000	8,575	11,6	17,2	5,6	48
1899	4,000	10,600	14,6	21,2	6,6	45
1900	4,800	11,300	16,1	24,7	8,6	53
1901	5,800	12,200	18,0	180,0[2]	—	40[2]
1902	7,300	13,730	21,0			
1903	7,250	22,000	29,3			
1904	7,100	21,850	29,0			
1905[1]	5,000	26,850	31,9			
			235,0	ca. 318 Millionen Francs.		

[1] für 1905 beantragte Summen.

[2] nicht angegeben, geschätzt nach der Steigerung des Etats, zu 40% mehr als bewilligt.

f) Liste von Viermast-Segelschiffen,

Lfd. Nr.	Bau-jahr	Name	Reederei	Material	Klasse	Bauwerft
1	1877	Romsdal	J. & A. Allan, Glasgow	Eisen	Ll	R. Steele, Greenock
2	1881	Ben Dourau . .	Watson Bros.	Eisen	Ll	H. Mourray & Co., Pt. Glasgow
3	1884	Falls of Earn . .	Ship Falls of Earn Co. (Lim.) (Wright a. Breakenridge, Glasgow)	Eisen	Ll	Russel & Co., Greenock
4	1886	Persévérance . .	A. D. Bordes et fils, Bordeaux	Eisen	Ll u. V	W. B. Thompson, Glasgow
5	1889	Dunkerque . . .	dito	Stahl	Ll u. V	Russel & Co., Pt. Glasgow
6	1889	Stanley	Ship Stanley Co. (Lim.) G. M. Steeves	Stahl	Ll	dito
7	1891	Invertrossachs .	D. Bruce & Co., Dundee	Stahl	Ll	dito
8	1891	Nation	W. Thomas & Co., Liverpool	Stahl	Ll	W. Boxford & Sons, Sunderland
9	1891	Ashbank	A. Wair & Co., Glasgow	Stahl	Ll	Russel & Co., Greenock
10	1892	Maria Rickmers (5 Masten)	Rickmers Reismühlen, Reederei und Schiffbau A.-G., Bremerhaven	Stahl	Ll	dito
11	1892	Thracia	W. Thomson & Co., Liverpool	Stahl	Ll	R. Duncan & Co., Pt. Glasgow

verloren in den Jahren 1891 und 1892.

Abmessungen nach Lloyds Register in Fuß engl.				Reg.-Tonnen		Verloren. Nach Rundschreiben des Internationalen Transport-Versicherungs-Verbandes Nr. 2104 vom 20. Januar 1893.
L	B	D	Dm (Freib.)	Brutto	Netto	
275.9	41.1 P = 40′	23.5 F = 34′	24.10	1887	1827	Auf der Reise: Chittagong — Dundee Ladung: Jute seit 31. Oktober 1891 verschollen.
280.4	40.2 P = 41′	23.6 F = 40′	—	1950	1871	Auf der Reise: San-Francisco — Canal Ladung: Getreide seit 24. April 1892 verschollen.
302.6	42.1 P = 31′	24.5 F = 28′	26.1 (5.8)	2386	2292	Auf der Reise: Penarth — Acheen Ladung: Kohlen Juli 1891 im Olehleh-Hafen verloren.
305.0	44.6 P = 28′	23.3 F = 33′	26.11	2558	2511	Auf der Reise: ? Ladung: ? verschollen.
329.8	46.2 P = 36′	24.9 F = 32′	29.0	3152	3094	Auf der Reise: Cardiff — Rio de Janeiro Ladung: Steinkohlen 1891 verschollen
278.1	41.9 P = 40′	24.4 F = 32′	26.3	2210	2106	Auf der Reise: Philadelphia — Hiogo Ladung: Petroleum verschollen.
305.0	43.2 P = 40′	25.3 F = 30′	26.11 (5.10½)	2710	2577	Auf der Reise: Philadelphia — Calcutta Ladung: Petroleum März 1892 auf See verlassen.
294.0 P = 45′	43.0 B = 34′	24.0 F = 37′	26 · 0 (5.3)	2540	2401	Auf der Reise: Rangoon — Bremen Ladung: Reis seit 24. März 1892 verschollen.
278.6	42.0 P = 36′	24.2 F = 28′	26.1	2292	2174	Auf d. Reise: Algoa-Bay — Newcastle N.S.W Ladung: Ballast seit 31. Mai 1892 verschollen.
375.7 P = 22′	48.0 B = 36′	25.4 F = 33′	28.4	3822	3344	Auf der Reise: Saigon — Bremen Ladung: Reis seit 24. Juli 1892 verschollen.
282.0	42.0 P = 57′	24.0 F = 36′	—	2000	—	Auf der Reise: Greenock — Liverpool Ladung: Ballast August 1892 bei Port Erin gekentert.

Anhang II.

a) Blohm & Voß,

Bau Nr.	Bau-jahr	Name	Takelung	Material	Reederei
1	1880	Flora	Bark, 1 Deck, 2 tr B	Eisen	M. G. Amsinck, Hamburg .
19	1882	Aurora.	Bark, 2 Decks	„	„
20	1882	Parsifal	„ „	„	F. Laeisz, Hamburg . . . .
23	1882	Bank Mobiliaro .	„ „	„	H. Fölsch & Co., Hamburg .
31	1883	Pirat.	„ „	„	F. Laeisz, Hamburg . . . .
33	1884	Pestalozzi	„ „	„	„ „
38	1884	Senta	„ „	„	J. J. Breckwoldt, Blankenese
39	1884	Europa	„	„	Siemsen & Co. . . . .
43	1885	Polymnia	4 M.-Bark, 2 Decks	„	B. Wencke Söhne, Hamburg
45	1885	Paposo.	Bark, 2 Decks	„	F. Laeisz, Hamburg . . . .
46	1885	Plus	„ „	„	„ „
51	1887	Potrimpos	„ „	Stahl	„ „
52	1887	Prompt	„ „	„	„ „
56	1888	Pamelia	„ „	„	„ „
59	1888	Pergamon	„ „	„	„ „
61	1889	Potsdam	„ „	„	„ „
66	1889	Palmyra	Vollschiff, 2 Decks	„	„ „
81	1891	Posen	„ „	„	„ „
84	1891	Hebe	4 M.-Bark, 2 Decks	„	B. Wencke Söhne, Hamburg
88	1892	Susanna	Vollschiff, 2 Decks	„	G. J. H. Siemers, Hamburg
89	1892	Thekla.	„ „	„	„ „
91	1892	Antuco	Bark, 2 Decks	„	N. H. P. Schuldt, „
92	1892	Seestern	„ „	„	T. F. Eimcke, Hamburg . .
165	1903	Petschili.	4 M.-Bark, 2 Decks	„	F. Laeisz, Hamburg . . .
180	1905	Pamir	„ „ „	„	„ „

Zus. 25 Schiffe.

Die mit einem * versehenen Schiffe sind nicht mehr in Fahrt.

Hamburg.

Klasse *)	Länge	Breite	Tiefe	H	Registertonnen Brutto	Registertonnen Netto	Bemerkung
	nach Lloyds Register **) in Fuß englisch						
Ll u. V	194.9	33.4	19.0	21′ 1½″	996	970	* Fig. 14, 39 a u. b
	P = 43′ F = 24′						
V	208′ 4″	34.1	19.9	21′ 4″	1079	1055	*
V	Q = 70′ F = 27′				1075	1050	*
V					1086	1061	*
V	212.6	34.4	20.0	21′ 4″	1053	1029	
V	210.6	34.4	19.9	21′ 4″	1062	1039	
V	200.1	34.1	20.0	21′ 4″	1061	1037	*
G u. V	227.6	36.0	20.7	22′ 3″	1256	1231	*
Ll u. V	290.7	42.7	23.9	26′ 2″	2129	2052	Fig. 28
	P = 37′ F = 38′ Bk = 10″						
V	211.4	34.3	20.0	21′ 4″	1062	1038	
Ll u. V	226.6	36.0	20.6	22′ 3″	1259	1234	
	Q = 64′						
Ll u. V	227.7	35.9	20.7	22′ 3″	1273	1246	
	Q = 64′						
Ll u. V	238.8	38.1	20.5	22′ 6″	1445	1417	
Ll	244.5	38.1	20.8	22′ 6″	1442	1403	
Ll u. V	244.4	38.1	20.7	24′ 0½″	1447	1411	*
	P = 48′						
Ll u. V	244.4	38.1	20.7	24′ 0½″	1463	1405	*
	P = 48′						
Ll	261.2	38.5	22.6	23′ 9″	1796	1721	
	P = 48′						
Ll u. V	261.5	40′2	22.3	23′ 8″	1773	1701	Fig. 26
	P = 49′ F = 35′						
Ll	309.7	45.1	25.4	27′ 1¾″	2722	2616	*
	P = 46′ F = 38′ 0″						
V	265.0	42.0	22.9 ½	24′ 1½″	1989	1909	
	P = 57′ F = 40′ H = 44′						
V	265.0	42.0	22.9 ½	24′ 1½″	1995	1912	*
	P = 57′ F = 40′						
V	246.0	38.2	21.5	22′ 9″	1532	1460	
	P = 42′ F = 33′						
Ll	247.0	38.1	21.3	22′ 9″	1517	1446	
	P = 35′ F = 33′ Bk = 9½″						
Ll u. G	321.7	47.1 ½	26.2	28′ 0″	3087	2855	Fig. 41 a und b
	P = 17′ 0″ Br = 62′ F = 37′						
Ll u. G	316.1	46.1	26.2	27′ 10″	3020,4	2777,5	Fig. 32
	P = 16′ 0″ Br = 62′ 6″ F = 38′						

Sa. 39619 Br.-Reg.-To.

*) Ll = Lloyds Register; V = Bureau Veritas; G = Germanischer Lloyd.

**) P = Poop; F = Back (Forecastle); Q = Quarterdeck; Bk = Balkenkiel; Br = Brücke; 2 tr B = 2 Balkenlagen (Tiers of beam); WS = Holzbelag (Wood Sheethed); 2 BH = 2 Schotte (Bulkhead).

b) Flensburger Schiffsbau-

Bau Nr.	Bau-jahr	Name	Takelung	Material	Reederei
4	1875	Doris Brodersen.	Vollschiff, 1 Deck, 2 tr B	Eisen	Actieselskabet „Nordby", Nordby Fänö
6	1876	Anna Cecilia . .	Bark, 1 Deck	„	Agent Fischer, Apenrade . .
9	1877	Luigia	Vollschiff, 1 Deck, 2 tr B	„	Luigia Sanguinetti, Spezia .
10	1877	Constanze	Vollschiff, 2 Decks	„	D. Haye, Elsfleth . . . . . .
14	1878	Phönix.	Bark	„	Actieselskabet (N. J. Outzen) Sönderho (Dänemark)
16	1878	Thalia	Vollschiff, 2 Decks	„	Pflugk, Hamburg . . . . . .
21	1879	Okeia	Bark, 1 Deck, 2 tr B	„	Eugène Cellier, Hamburg. .
71	1884	Strasbourg. . . .	Vollschiff, 2 Decks, 2 B H Cem	„	Ant. Dan. Bordes & Fls Dünkerk
75	1886	Ferdinand Fischer	Vollschiff, 2 Decks, 2 B H Cem	„	A. Bunnemann, Bremen
82	1886	Dorade	Bark, 2 Decks, 2 B H Cem	„	Ed. Holtzapfel, Hamburg . .
90	1887	Guldregen	Bark, 2 Decks	„	H. Hansen, Lillesand . . . .
122	1891	Helios II.	Bark, 2 Decks	Stahl	Wachsmuth & Krogmann, Hamburg

Zus. 12 Schiffe.

c) Schiff- und Maschinenbau-

Bau Nr.	Bau-jahr	Name	Takelung	Material	Reederei
17	1884	Kriemhild	Bark, 2 B H Cem, 1 Deck, 2 tr B	Eisen	Actieselskabet Kriemhild (Norwegen)
19	1884	Mercator.	Bark, 2 B H Cem, 1 Deck 2 tr B	„	H. Hoh & Co., Blankenese .
20	1884	Julius Palm . . .	Bark, 1 Deck, 2 tr B	„	R. W. Palm, Malmö . . . . .
22	1885	Luna	Bark, 2 Decks	„	Wachsmuth & Krogmann Hamburg
24	1885	Anna	Bark, 2 Decks	„	C. M. Matzen, Hamburg. . .
26	1885	Moewe.	Bark, 1 Deck	„	Gebrüder Hustede, Elsfleth
29	1886	Atalanta	Bark, 2 Decks	„	M. G. Amsinck, Hamburg. .
47	1889	Antigone	Bark, 2 B H Cem, 1 Deck, 2 tr B	„	M. G. Amsinck, Hamburg. .
49	1889	Meridian	Bark, 1 B H Cem, 1 Deck, 2 tr B	„	O. G. Gabel, Hamburg . . .
50	1889	Anaconda	Bark, 2 Decks	„	Ed. Holtzapfel, Hamburg . .

Zus. 10 Schiffe.

gesellschaft, Flensburg.

Klasse *)	Länge nach Lloyds Register **) in Fuß englisch	Breite	Tiefe	H oder Dm	Registertonnen Brutto	Netto	Bemerkungen
Ll	177.7	30.2	17.3	—	679	647	Fig. 24
	Q = 37′ Bk = 7 1/2″						
V	135.0	26.4 1/2	14.6	—	355	337	verloren
V	197.0	33.0	19.0	—	905	867	(ex „Schiffswerft“)
V	204.0	33.1	20.9	—	1004	978	
V	179.8	30.7	17.5	—	714	684	
V u. Ll	210.0	34.0	22.2 1/2	—	1092	1060	verloren
V	178.3	31.3	18.0	—	721	688	
V u. Ll	259.1	39.4	23.8	—	1783	1730	(ex „Libuasa“)
	P = 50′ F = 32′ Bk = 9 1/2″						
G u. V	258.5	40.0	23.7	24.9	1782	1726	verschollen 1906
	P = 50′ F = 32′ Bk = 9 1/2″						
V	235.0	35.8	21.1	—	1251	1170	ex „Julio Teodoro“ Fig. 17
Ll	218.7	36.2	21.7	22.9	1270	1191	ex „G. H. Wappäus“
	P = 42′ F = 30′ Bk = 8 1/2″						
Ll u. V	225.3	36.7	20.4	21.11	1295	1201	Fig. 19
	P = 41′ Q = 16′ F = 28′						

Sa. 12 851 Br. Reg.-To.

A.-G. Germania, Kiel.

Klasse *)	Länge	Breite	Tiefe	H oder Dm	Brutto	Netto	Bemerkungen
Ll	177.0	31.7	18.6	19.4	831	769	Fig. 15
	Q = 62′ Bk = 7 1/2″			S 3.4 1/2			
Ll u. V	188.3	31.9	18.6	19.8	833	807	
	Q = 62′						
V	185.9	32.0	18.2	—	860	800	früh.: „Elisabeth“, Reed. C. M. Matzen, Altona
	Q = 62′ H = 46′						
G	182.4	31.9	18.5	—	846	777	Wrack März 1903
	Q = 61′ H = 30′ F = 26′						
G u. V	203.0	34.4	19.1	—	1138	1099	
V	205.6	34.5	20.1	—	1130 (ca.)	1058	
G u. V	205.4	34.5	20.0	21.1	1093	996	
Ll	235.9	38.1	21.8	23.0	1477	1379	
	P = 40′ Q = 20′ F = 26′ Bk = 9 1/2″						
Ll	235.0	38.1	21.7	23.0	1476	1385	
	P = 40′ Q = 20′ F = 26′ Bk = 9 1/2″						
V	235.0	38.1	21.8	23.0	1483	1393	
	P = 40′ Q = 20′ F = 26′						

Sa. 11 167 Br. Reg.-To.

*) und **) Siehe S. 83.

d) Henry Koch,

Bau Nr.	Bau-jahr	Name	Takelung	Material	Reederei
29	1889	Marga	Bark, 1 Deck, 2 tr B	Stahl	G. Eilers & Sohn, Brake. . .
35	1890	Anna Ramien . .	Bark, 1 B H Cem, 1 Deck (Irn — W S)	„	E. tom Dieck, Elsfleth . . . .
36	1890	Sterna	Bark, 1 B H Cem, 1 Deck (Irn — W S), 2 tr B	„	G. Bolte, Elsfleth . . . . . .
38	1891	Franz	Bark, 1 B H Cem 1 Deck, 2 tr B	„	G. Eilers, Brake . . . .
40	1891	Irene	Bark, 2 Decks	„	D. Haye, Elsfleth . . . . . .
41	1891	Elise.	Bark, 2 Decks	„	C. G. Beermann, Elsfleth . .
46	1892	Rodenbeck . . .	Vollschiff 1 B H Cem 2 Decks (U Irn — W S)	„	Knöhr & Burchard, Nachfolger, Hamburg.
47	1892	Olga	Bark, 1 Deck 1 B H Cem 2 tr B	„	E. tom Dieck, Elsfleth . . . .
51	1892	Anna	Bark, 1 B H Cem 2 Decks (U Irn — W S)	„	dito

Zus. 9 Schiffe

e) A.-G. „Neptun“,

Bau Nr.	Bau-jahr	Name	Takelung	Material	Reederei
83	1885	J. C. Julius . . .	Bark, 2 Decks	Eisen	J. Hintze, Hamburg . . . . .
84	1886	Lilla	Bark, 2 Decks	„	F. Th. Eckhusen, Hamburg .
86	1886	Gudrun	Bark, 1 B H Cem, 2 Decks	„	C. M. Matzen, Hamburg . . .
89	1887	Thalia	Bark, 1 B H Cem 2 Decks (U Irn — W S)	„	B. Wencke Söhne, Hamburg.
109	1889	Selene	Bark, 2 Decks	Stahl	Wachsmuth & Krogmann, Hamburg
112	1889	Senator Versmann	Vollschiff 1 B H Cem 2 Decks	„	A. H. Wappäus, Hamburg . .
120	1890	Artemis	Bark, 1 B H Cem 1 Deck, 2 tr B	„	Amsinck, Hamburg . . . . .
125	1891	Pampa	Vollschiff, 2 B H Cem 2 Decks (U Ste — W S)	„	F. Laeisz, Hamburg . . . . .
127	1891	Ariadne	Vollschiff, 1 B H Cem 2 Decks (1 Ste — W S)	„	M. G. Amsinck, Hamburg . .
129	1891	Frieda Mahn. . .	Bark, 2 B H Cem 1 Deck, 2 tr B	„	H. Mentz, Rostock . . . . . .

Zus. 10 Schiffe

Lübeck.

Klasse *)	Länge	Breite	Tiefe	H oder Dm	Registertonnen Brutto	Registertonnen Netto	Bemerkungen
	nach Lloyds Register **)						
Ll	193.3	33.4	20.5	—	1 074	1 017	
	P = 35′ F = 20′ Bk = 8″						
Ll	233.3	34.5	20.6	21.8	1 320	1 242	Fig. 18
	P = 58′ F = 28′ Bk = 8½″						
Ll	229.4	36.0	20.7	22.3	1 432	1 355	
	P = 48′ F = 28′ Bk = 9½″						
Ll	203.3	33.7	20.6	21.6	1 096	1 045	verloren gegangen
	P = 36′ F = 24′ Bk = 8″						
V	205.9	33.9	19.8	—	1 123	1 066	
	P = 40′						
V	191.2	31.5	18.7	—	923	877	verloren gegangen
	P = 38′						
Ll	251.8	39.7	21.8	23.0	1 736	1 602	verschollen 1906
	P = 48′ Q = 16′ F = 30′ Bk = 9½″						
Ll	208.5	34.4	19.8	21.0	1 173	1 106	
	P = 38′ Q = 17′ F = 20′ Bk = 8″						
Ll	229.9	36.7	21.0	22.3	1 467	1 391	
	P = 41′ Q = 20′ F = 28′ Bk = 9″			S 4.4			

Sa. 11 344 Br.-Reg.-To.

Rostock.

Klasse *)	Länge	Breite	Tiefe	H oder Dm	Registertonnen Brutto	Registertonnen Netto	Bemerkungen
G u. V	205.0	34.5	19.9	—	1 118	1 076	
	Q = 20′ P = 38′ F = 24′						
G u. V	208.5	34.6	20.0	—	1 125	1 030	Fig. 16
Ll	248.0	37.6	2.13	22.0	1 476	1 424	
	P = 59′ F = 27′ Bk = 9″						
Ll	247.8	37.6	21.3	22.11	1 464	1 354	
	P = 59′ F = 27′ Bk = 9″						
V	226.5	36.2	20.2	—	1 319	1 231	
	P = 57′ F = 26′						
Ll	226.7	36.2	20.2	21.11	1 343	1 273	
Ll	237.1	37.0	21.0	22.9	1 463	1 356	
	P = 58′ F = 31′ Bk = 9″						
Ll	259.5	40.0	22.2	23.8	1 777	1 676	Fig. 25
	P = 44′ F = 34′ Bk = 9½″						
Ll	259.5	40.0	22.0	23.8	1 785	1 702	
	P = 44′ F = 34′ Bk = 9½″						
Ll	228.4	36.4	20.3	21.11	1 369	1 297	
	P = 41′ Q = 20′ F = 25′ Bk = 9″			S 4.1			

*) und **) Siehe S. 83

Sa. 14 239 Br.-Reg.-To.

f) Reiherstieg,

Bau Nr.	Bau-jahr	Name	Takelung	Material	Reederei
36	1858	Deutschland . . .	Bark, 2 Decks	Eisen	Hamb.-Amer.Packetfahrt A.-G.
64	1861	Prinz Albert . . .	Vollschiff, 1 B H Cem, 2 Decks	"	R. M. Slomann & Co., Hamburg
123	1865	Eugenie	Vollschiff, 2 Decks	"	Actieselscabet „Eugenie", Sandefjord
130	1866	Helios I.	Vollschiff, 1 Deck, 2 tr B	"	Wachsmuth & Krogmann, Hbg.
131	1865	Professor (ex Flottbeck)	Bark	"	P. N. Winther, Nordby, Fanö
133	1867	Undine	Vollschiff, 1 Deck, 2 tr B	"	Wachsmuth & Krogmann, Hbg.
138	1867	Helene Donner . .	Vollschiff, 1 Deck, 2 tr B	"	Etatsrat Donner, Altona . .
171	1868	Augusta	Bark, 1 Deck	"	A. Alm, Tönsberg (Norwegen)
172	1868	Dorette	Vollschiff, 1 Deck, 2 tr B	"	P. de Voss & C. L. Melosch, Altona
192	1868	Johann Caesar . .	Bark, 1 Deck, 2 tr B	"	J. C. Godeffroy & Sohn, Hbg.
193	1868	Peter Godeffroy .	Bark, 1 Deck, 2 tr B	"	J. C. Godeffroy & Sohn, Hbg.
195	1869	Selene	Vollschiff, 1 Deck, 2 tr B	"	Wachsmuth & Krogmann, Hbg.
201	1869	Fortuna.	Bark, 1 Deck, 2 tr B	"	M. Arnesen, Hamburg . . .
204	1870	Johannes u. Emilie	Bark, 1 Deck, 2 tr B	"	C. Woermann, Hamburg . .
215	1870	Dorothea	Bark, 1 Deck, 2 tr B	"	W. Tarasoff, Rußland. . . .
216	1870	Moltke	Bark	"	H. N. A. Meyer, Hamburg . .
220	1870	Europa	Bark, 1 Deck, 2 tr B	"	M. Arnesen & P. Siemsson, Hbg.
281	1874	Polynesia.	Vollschiff, 1 B H Cem, 1 Deck, 2 tr B	"	F. Laeisz, Hamburg . . . .
282	1875	Argo	Bark, 1 Deck	"	J. Broomfield, Sydney (NSW)
290	1875	Ella.	Bark, 1 Deck, 2 tr B	"	C. Woermann, Hamburg . .
291	1875	Thalassa	Bark	"	Wachsmuth & Krogmann, Hbg.
296	1876	Melpomene	Vollschiff, 1 B H Cem, 1 Deck, 2 tr B	"	B. Wencke Söhne, Hamburg
299	1877	Excelsior	Bark, 1 Deck, 2 tr B	"	Berend Roosen, Hamburg.
301	1877	Venus (ex Sophie)	Bark, 1 Deck	"	Rederi Actieselskab. J. P. Holm, Nordby, Fanö
302	1877	Dione.	Bark, 1 Deck, 2 tr B	"	A. B. Wessel, Christiania . .
303	1877	Indra	Bark, 1 Deck, 2 tr B		Wachsmuth & Krogmann, Hbg.
306	1878	Urania	Vollschiff, 1 B H Cem, 1 Deck, 2 tr B	"	B. Wencke Söhne, Hamburg
307	1878	Copernicus	Vollschiff, 1 B H Cem, 1 Deck, 2 tr B	"	R. M. Slomann & Co., Hamburg
308	1878	Niagara.	Bark, 1 B H Cem, 1 Deck, 2 tr B	"	A. Loff, Altona . . . . . .
309	1878	Kepler	Vollschiff, 1 B H Cem, 1 Deck, 2 tr B	"	R. M. Slomann & Co., Hamburg
313	1878	Nautilus	Bark, 1 Deck, 2 tr B	"	A. H. Arnold, Brake . . . .

Zus. 31 Schiffe

Hamburg.

Klasse *)	Länge nach Lloyds Register **) in Fuß englisch	Breite	Tiefe	H oder Dm	Registertonnen Brutto	Netto	Bemerkungen
?	176.9	32.1	20.4	—	867	838	
Ll u. V	155.1	28.6	17.6	—	(ca.) 620	570	
	P = 42′ F = 27′						
Ll	156.0	30.0	18.6	—	712	656	Fig. 21
	P = 43′ H = 22′ F = 5′						
?	165.0	32.6	?	21.3	735	?	Fig. 22
V	143 0	27.6	17.2	—	544	522	Fig. 13
V	169.0	30.5	19.7	—	786	760	
?	171.0	30.0	?	20.0	732	?	
V	115.8	25.6	15.6	—	(ca.) 410	374	
Ll	183.0	31.6	21.3	—	(ca.) 950	?	
?	130.0	27.0	?	18.0	408	?	
?	130.0	27.0	?	18.0	410	?	
Ll	183.0	31.6	21.3	—	(ca.) 950	?	
G	185.0	33.1	20.1	—	978	951	
?	120.0	25.0	?	16.0	318	?	
V	190.1	33.5	21.1	—	1033	963	
V	191.6	32.2	19.3	—	(ca.) 880	827	
V	190.1	33.5	21.1	—	1033	963	
Ll	190.0	33.0	22.10	—	1014	985	
	P = 45′ F = 22′						
Ll	190.0	33.0	22.10	—	1010	984	
V	135.0	26.6	18.9	—	464	?	
V	160.0	29.0	19.3	—	700	647	
Ll	205.3	33.1	20.8	—	1061	1030	
	P = 45′ F = 22′						
V	160.0	29.0	19.6	—	642	?	
V	151.4	26.9	16.1	—	499	448	
V	160.0	29.0	18.9	—	663	613	
V	166.0	30.0	18.9	—	717	695	
Ll	207.6	34.0	21.3	—	1121	1092	
	P = 45′ Bk = 8″						
Ll	221.0	34.1	23.3	—	1235	1212	
	P = 45′ F = 29′ Bk = 8½″						
V	166.0	30.0	18.0	—	712	656	
	P = 32′						
Ll	221.0	34.1	23.3	—	1235	1193	
	P = 45′ F = 29′ Bk = 8½″						
G u. V	172.0	31.8	19.7	—	745	725	

Sa. 24184 Br.-R.-To.

*) und **) Siehe S. 83.

g) Rickmers,

Bau Nr.	Baujahr	Name	Takelung	Material	Reederei
87	1894	Herzogin Sophie Charlotte	4 M.-Bark, 2 Decks	Stahl	Nordd. Lloyd, Bremen . . .
89	1896	Rickmer Rickmers	Vollschiff, 1 Deck, 2 tr B	„	Eigene Rechnung . . . . .
109	1898	Mabel Rickmers .	Vollschiff, 1 Deck, 2 tr B	„	dito
	1902	Herzogin Cecilie .	4 M.-Bark, 2 Decks	„	Nordd. Lloyd, Bremen . . .
146	1905	Albert Rickmers .	Bark, 2 Decks	„	Eigene Rechnung . . . . .
147	1906	R. C. Rickmers . .	5 M.-Bark, 2 Decks	„	dito

Zus. 6 Schiffe.

h) Joh. C. Tecklenborg A.-G.,

Bau Nr.	Baujahr	Name	Takelung	Material	Reederei
58	1886	Hera	4 M.-Bark, 2 Decks	Eisen	B. Wencke Söhne, Hamburg
65	1888	Najade	Vollschiff, 2 Decks	Stahl	Reederei Visurgis A.-G. . .
86	1889	Parchim	Vollschiff, 2 Decks	„	F. Laeisz, Hamburg . . . .
100	1890	Pera	Vollschiff, 2 B H Cem, 2 Decks (U Ste-WS)	„	dito
106	1891	Christine	4 M.-Bark, 1 B H Cem, 2 Decks (1 Ste-WS)	„	C. A. Bunnermann, Bremen
108	1891	Rigel	Vollschiff, 1 B H Cem, 2 Decks (U Ste-WS)	„	W. A. Fritze & Co., Bremen
110	1892	Placilla	4 M.-Bark, 1 B H Cem, 2 Decks (U Ste-WS)	„	F. Laeisz, Hamburg . . . .
113	1892	Philadelphia . . .	Vollschiff, 2 Decks	„	Joh. Wallenstein, Geestemünde
115	1892	Pisagua	4 M.-Bark, 1 B H Cem, 2 Decks (U Ste-WS)	„	F. Laeisz, Hamburg . . . .
121	1893	Maipo	Vollschiff, 2 Decks	„	N. H. P. Schuldt, Hamburg
123	1894	Beethoven	Vollschiff, 2 Decks	„	F. Tecklenborg, Bremen . .
133	1895	Potosi	5 M.-Bark, 1 B H Cem, 2 Decks (Ste-UWS) 3 tr B	„	F. Laeisz, Hamburg . . . .
176	1901	GroßherzoginElisabeth	Vollschiff, 2 Decks	„	Deutscher Schulschiffverein, Oldenburg
179	1902	Preußen	5 M Vollsch., 2 Decks (Ste-UWS) 1 B H Cem, 3 tr B	„	F. Laeisz, Hamburg . . . .
184	1903	Pangani	4 M.-Bark, 1 B H Cem, 2 Decks (Ste-UWS) 3 tr B	„	dito

Zus. 15 Schiffe.

i) A.-G. „Weser“,

Bau Nr.	Baujahr	Name	Takelung	Material	Reederei
140	1875	Wilhelmine . . .	Vollschiff, 2 Decks	Eisen	Et. Actieselskabet (P. N. Winther) Nordby Fanö
141	1875	Hermann	Schwesterschiff von S. 140		—
168	1877	Kaiser Wilhelm .	Vollschiff, im übrigen Schwesterschiff von S. 169		
169	1877	Fürst Bismarck .	Bark, 2 Decks	Eisen	D. Haye, Brake

Zus. 4 Schiffe. Besteller für alle 4 Schiffe war die Firma Fritze & Gerdes in Bremen.

Bremerhaven.

Klasse *)	Länge	Breite	Tiefe	H oder Dm	Registertonnen Brutto	Registertonnen Netto	Bemerkungen
	nach Lloyds Register **) in Fuß englisch						
G u. V	276.3	43.1	25.4	—	2581	2273	(ex Albert Rickmers)
	P = 138′ F = 33′						
V	263.6	40.0	24.6	26.0	1980	1829	Wasserballast
	P = 48′ F = 36′ Bk = 10″						
V	267.1	40.0	24.7	—	2065	1895	
	P = 56′ F = 38′						
G	314.1	46.0	23.8	—	3242	2786	Doppelboden f. Wasserballast, Fig. 31, 40a u. b
	P = 175′ H = 18′ F = 46′						
G	267.0	40.0	24.7	26.0	2039	1879	Wasserballast, Fig. 20
	P = 56′ F = 38′						
G	410.7	53.6	30.5	32.0	5548	4696	dito -Hilfsmaschine v. 1000 HP Fig. 35, 36
	P = 170′ H = 22′ F = 43′						

Sa. 17 455 Br.-Reg.-To.

Geestemünde.

Klasse *)	Länge	Breite	Tiefe	H oder Dm	Brutto	Netto	Bemerkungen
V	276.0	41.0	23.9	25′ 2½″	2084	1994	hieß „Richard Wagner" Fig. 29
V u. G	255.6	39.4	23.0	24′ 4″	1752	1677	
	P = 29′ F = 30′						
V	249.3	39.4	23.0	24′ 4″	1808	1714	
	F = 32′ P = 59′ H = 42′						
Ll u. V	256.6	39.6	22.3	23′ 8″	1758	1661	
	P = 48′ F = 34′ Bk = 9½″						
Ll u. V	271.7	39.3	23.0	24′ 2″	1987	1900	erster Reeder: J. D. Bischof, Vegesack, jetziger Reeder: H. Danelsberg, Bremen
	P = 64′ F = 30′ Bk = 10″						
Ll u. V	264.7	40.2	23.5	24′ 9″	1983	1879	
	P = 52′ F = 32′ Bk = 10″						
Ll u. V	314.5	44.7	26.1	27′ 6″	2845	2681	verloren, Fig. 30
	P = 24′ B = 64′ F = 34′ Bk = 11″						
V	255.0	38.9	23.0	24′ 4″	1805	1710	Fig. 27
	P = 55′ F = 28′						
Ll u. V	314.8	44.7	26.1	27′ 6″	2852	2678	
	P = 24′ B = 64′ F = 34′ Bk = 11″						
G u. V	246.0	39.2	22.9	24′ 4″	1770	1674	
	P = 50′ F = 28′						
G u. V	255.4	39.4	23.1	24′ 4″	1789	1687	jetzt „Osorno", N.H.P Schuldt, Hamburg
	P = 51′ B = 39′						
Ll u. V	366.3	49.7	28.5	30′ 2″	4026	3854	Fig. 33, 34
	P = 25′ B = 66′ F = 38′ Bk = 11″						
G	223.6	39.4	20.9	24′ 0″	1260	721	Fig. 56
	P = 63′ H = 21′ F = 29′						
Ll u. G	407.8	53.6	27.1	32′ 6″	5081	4765	Fig. 37, 42 a u. b, 43
	P = 31′ B = 93′ F = 35′ Bk = 12″						
Ll u. G	322.2	46.2	26.3	27′ 10″	3054	2822	
	P = 31′ B = 62′ F = 37′ Bk = 11″						

Sa. 35 854 Br.-Reg.-To.

Bremen.

Klasse *)	Länge	Breite	Tiefe	H oder Dm	Brutto	Netto	Bemerkungen
V	193.1	30.9	19.1	—	877	842	Fig. 23
—	—	—	—	—	877	—	
—	—	—	—	—	992	—	
V	189.9	33.5	20.5	—	992	968	

Sa 3738 Br.-Reg.-To.

*) und **) Siehe S. 83.

k) Joh. Lange,

Bau-Nr.	Baujahr	Name des Schiffes	Takelung	Material	Reederei
309	1884	Solide	Bark, 1 Deck und Raumbalken	Eisen	Gebr. Hustede, Elsfleth . . . . . .
310	1885	Birma	Bark, 2 Decks, cem.	„	D. Cordes & Co., Bremen. . . . .
330	1889	Siam.	Vollschiff, 2 Decks, cem.	„	do. . . . . .
331	1890	S. W. Wendt .	Vollschiff, 2 Decks	Stahl	Siedenburg, Wendt & Co., Bremen
332	1890	Charlotte . .	Bark (scharf gebaut) 2 Decks	Eisen	Ad. Schiff, Elsfleth . . . .
333	1890	Concordia . .	Bark, 2 Decks	„	J. G. Lübken, Elsfleth . . . . . .
335	1891	Sirius	Vollschiff, 2 Decks	Stahl	Siedenburg, Wendt & Co., Bremen
343	1892/93	Schliemann .	Vollschiff, 2 Decks	„	D. Cordes & Co., Bremen. . . . .

Zus. 8 Schiffe.

l) Bremer Schiffbau-Gesellschaft,

Bau-Nr.	Baujahr	Name des Schiffes	Takelung	Material	Reederei
80	1875	Capella . . .	Bark mit Kofferkajüte, Deckhaus und Back	Eisen	W. A. Fritze & Co., Bremen . . .
81	1876	Spica	do.	„	do. . . .
83	1877	Regulus . . .	Vollsch. m. Kofferkajüte, Deckhaus und Back	„	do. . . .
84	1877	Wega	do.	„	do. . . .
86	1877	Peiho	Bark mit Kofferkajüte, Deckhaus und Back	„	Gildemeister & Ries, Bremen. . .
87	1878	Arcturus. . .	Vollsch. m. Kofferkajüte, Deckhaus und Back	„	W. A. Fritze & Co., Bremen . . .
88	1878	Antares . . .	do.	„	do. . . .
89	1878	Musca	Bark mit Kofferkajüte, Deckhaus und Back	„	Joh. Heinr. Hustede, Elsfleth . . .
90	1879	Schiller . . .	do.	„	D. H. Wätjen & Co., Bremen. . .
92	1881	Adelaide. . .	Vollschiff mit Poop., Deckhaus und Back	„	do. . . .
111	1885	Ursula	do.	„	do. . . .

Bremen.

Klasse *)	Länge	Breite	Tiefe im Raum	H oder Dm	Register-Tons Brutto	Register-Tons Netto
	nach Lloyds Register **) in Fuß englisch und Meter					
G	188.2 57,36 m	32.3 9,84 m	18.9 5,76 m	—	900	825
G	227.8 69,28 m	38.2 11,64 m	21.4 6,52 m	—	1550	1430
G	248.7 75,68 m	38.9 11,86 m	22.7 6,92 m	—	1755	1691
G	75,0 m	12,04 m	6,93 m	—	1813	1740
G	221.4 67,48 m	34.5 10,45 m	20.6 6,28 m	—	1308	1243
G	222.4 67,78 m	34.0 10,36 m	20.5 6,25 m	—	1315	1256
G	259.9 79,09 m	38.0 11,58 m	23.0 7,01 m	—	1834	1736
G	247.6 75.45 m	38.0 11,58 m	22.8 6,05 m	—	1726	1640
	P = 51′ 9″ = 15,80 m DH = 44′ 0″ = 12,2 m F = 30′ 0″ = 9,15 m					

Sa. 12 201 Br.-Reg.-To.

vorm. H. F. Ulrichs, Bremen-Vegesack.

Klasse *)	Länge	Breite	Tiefe im Raum	H oder Dm	Register-Tons Brutto	Register-Tons Netto
V	186.0 56,69 m	32.0 7,32 m	19.9 6,02 m	20.7 6,27 m	947	915
V	do.	do.	do.	do.	947	915
V	200.0 60,96 m	34.6 10,52 m	20.3 6,17 m	21.2 6,45 m	1145	1115
V	do.	do.	do.	do.	1145	1115
V	142.6 43,43 m	26.6 8,07 m	13.9 4,19 m	14.6 4,42 m	448	433
V	200.0 60,96 m	34.6 10,52 m	20.3 6,17 m	21.2 6,45 m	1145	1115
V	do.	do.	do.	do.	1145	1115
V	163.3 49,72 m	29.0 8.84 m	16.2 4.93 m	17.1 5,21 m	720	700
G	215.0 65.53 m	34.6 10,52 m	20.3 6,17 m	21.6 6,58 m	1261	1227
V	217.0 66,14 m	34.6 10,52 m	$20.8^1/_2$ 6,31 m	21.9 6,63 m	1317	1281
V	217.0 66,14 m	37.0 11,28 m	23.0 7,01 m	24.3 7,39 m	1497	1455

*) und **) Siehe S. 83.

Bau-Nr.	Baujahr	Name des Schiffes	Takelung	Material	Reederei
114	1886	Nixe.	Vollschiff mit Poop., Deckhaus und Back	Eisen	Gildemeister & Ries, Bremen. . .
115	1887	Drehna . . .	do.	„	D. H. Wätjen & Co., Bremen. . .
116	1888	Neck	do.	„	Gildemeister & Ries, Bremen. . .
181	1889	Titania . . .	Bark mit Poop., Deckhaus und Back	„	C. Neynaber, Elsfleth. . . . . . .
182	1889	C. H. Wätjen	Vollschiff mit Poop., Deckhaus und Back, 2 Decks	Stahl	D. H. Wätjen & Co., Bremen. . .
183	1889	Nereus. . . .	do.	„	Gildemeister & Ries, Bremen. . .
189	1890	Nereide . . .	do.	Eisen	do.
190	1890	J. C. Glade .	Bark, 2 Decks und Raumbalken	Stahl	J. C. Pflüger, Bremen . . . . . .
191	1891	Nesaia. . . .	Vollschiff, 2 Decks und Raumbalken	„	Gildemeister & Ries, Bremen. . .
192	1891	Lina.	Bark, 1 Deck	„	F. Hilken, Vegesack . . . .
193	1891	Alice	Vollschiff	„	D. H. Wätjen & Co., Bremen. . .
198	1892	Nymphe . . .	Vollschiff, 2 Decks und Rahmenspanten	„	Gildemeister & Ries, Bremen. . .
199	1892	D. H. Wätjen	do.	„	D. H. Wätjen & Co., Bremen. . .
202	1893	Chile	do.	„	Tidemann & Co., Bremen. . . . .
203	1894	Peru.	do.	„	do.

Zus. 26 Schiffe

Klasse *)	Länge nach Lloyds Register **) in Fuß englisch und Meter	Breite	Tiefe im Raum	H oder Dm	Register-Tons Brutto	Netto
V	228.0 69,49 m	39.0 11,89 m	24.0 7,32 m	25.2 7,67 m	1720	1672
G	217.0 66,14 m	37.0 11,28 m	23.0 7,01 m	24.3 7,39 m	1504	1462
V	do.	do.	do.	do.	1562	1442
Engl. Lloyds	203.1 61,90 m	34.3 10,44 m	20.3 6,17 m	$21.5^1/_2$ 6,54 m	1108	1063
G	248.6 75,77 m	38.6 11,76 m	23.8 7,25 m	25.2 7,67 m	1823	1734
	P = 56′ 1″ = 17,10 m DH = 34′ 1″ = 10,40 m F = 30′ 2″ = 9,20 m					
G	248.6	38.0	24 0	—	1834	1759
G	248.7	33.0	23.9	—	1823	1732
G	232.6	35.8	22.8	—	1488	1428
G	247.5 75,43 m	37.9 11,55 m	23.8 7,25 m	—	1790	1700
	P = 56′ 1″ = 17,10 m DH = 39′ 9′ = 12,15 m F = 29′ 2″ = 8,9 m					
G	157.8 48.09 m	28.3 8,63 m	12.8 3,90 m	—	496	460
	P = 37′ 0″ = 11,28 m F = 21′ 0″ = 6,40 m					
G	275.3 83,92 m	39.4 12,01 m	24.0 7,33 m	—	2167	2062
	P = 65′ 52″ = 20 m DH = 44′ 3″ = 13,50 m F = 31′ 2″ = 9,5 m					
G	276.1 84,16 m	39.8 12,14 m	27.1 7,35 m	—	2190	2076
	P = 68′ 9″ = 21,00 m DH = 44′ 3″ = 13,50 m F = 32′ 8″ = 10,00 m					
G	274.0 83,51 m	39.7 12,09 m	24.2 7,37 m	—	2196	2079
	P = 65′ 6″ = 20,00 m DH = 44′ 9″ = 13,70 m und 15′ 4″ = 4,70 m F = 31′ 5″ = 10,5 m					
G	273.8 83,45 m	39.5 12,04 m	24.0 7,31 m	—	2198	2094
	P = 68′ 9″ = 21,00 m DH = 44′ 3″ = 13,5 m F = 32′ 8″ = 10,00 m					
G	275.2 83,87 m	39.5 12,04 m	24.0 7,31 m	—	2198	2093
	P = 68′ 9″ = 21,00 m DH = 44′ 3″ = 13,5 m F = 32′ 8″ = 10,00 m					

Sa. 37 814 Br.-Reg.-To.

*) und **) Siehe S. 83.

m) In Deutschland aus Eisen und Stahl

s. Anhang

Bauwerft	1856—1860		1861—1865		1866—1870		1871—1875		1876—1880	
	Zahl	Br.-R.-T.	Zahl	Br.-R.-T.	Zahl	Br.-R.-T.	Zahl	Br.-R.-T.	Zahl	Br.-R.-T.
Blohm & Voß, Hamburg . (Anhang II a)	—	—	—	—	—	—	—	—	1	996
Flensburger Schiffsbau-Gesellschaft, Flensburg (Anhang II b)	—	—	—	—	—	—	1	679	6	4791
Germaniawerft, Kiel . . . (Anhang II c)	—	—	—	—	—	—	—	—	—	—
Henry Koch, Lübeck . . (Anhang II d)	—	—	—	—	—	—	—	—	—	—
A.-G. Neptun, Rostock. . (Anhang II e)	—	—	—	—	—	—	—	—	—	—
Reiherstieg-Schiffswerft, Hamburg (Anhang II f)	1	867	3	1876	13	9623	4	3188	10	8630
Rickmers, Bremerhaven . (Anhang II g)	—	—	—	—	—	—	—	—	—	—
Joh. C. Tecklenborg, A.-G., Geestemünde (Anhang II h)	—	—	—	—	—	—	—	—	—	—
A.-G. Weser, Bremen . . (Anhang II i)	—	—	—	—	—	—	2	1754	2	1984
Joh. Lange, Vegesack (Anhang II k) } später Bremer Vulkan, Vegesack	—	—	—	—	—	—	—	—	—	—
Bremer Schiffb.-Ges. vorm. H. F. Ulrichs (Anhang II l) } später Bremer Vulkan, Vegesack	—	—	—	—	—	—	1	947	8	7956
Summa	1	867	3	1876	13	9623	8	6568	27	24357
Mittlere Größe	867		625		740		821		902	

gebaute Segelschiffe (von Dreimastbark an)

II a — 1.

1881 — 1885		1886 — 1890		1891 — 1895		1896 — 1900		1901 — 1905		Summa	
Zahl	Br.-R.-T.	Zahl	Br.-R.-T.	Zahl	Br.-R.-T.	Zahl	Br.-R.-T.	Zahl	Br.-R.-T.	Zahl	Br.-R.-T.
10	12122	6	8866	6	11528	—	—	2	6107	25	39619
1	1783	3	4303	1	1295	—	—	—	—	12	12851
6	5638	4	5529	—	—	—	—	—	—	10	11167
—	—	3	3826	6	7518	—	—	—	—	9	11344
1	1118	6	8190	3	4931	—	—	—	—	10	14239
—	—	—	—	—	—	—	—	—	—	31	24184
—	—	—	—	1	2581	2	4045	3	10829	6	17455
—	—	4	7402	8	19057	—	—	3	9395	15	35854
—	—	—	—	—	—	—	—	—	—	4	3738
2	2450	4	6191	2	3560	—	—	—	—	8	12201
2	2814	8	12862	7	13235	—	—	—	—	26	37814
22	25925	38	57169	34	63705	2	4045	8	26331	146	220466
1179		1504		1874		2022		3291			

Anhang III.

a) Liste der Schiffe von

Lfd. Nr.	Name	Takelung	Baujahr	Werft	Material	Klasse *)
1	Carl	Bark	—	—	Holz	V
2	Pudel	„	1857	Stülcken, Hamburg	„	V
3	Poncho	„	1858	J. Reid & Co., Pt. Glasgow	Eisen	V
4	Pacific	Brigg	1860	Schau & Oltmanns, Geestemünde	Holz	V
5	Mercedes	Bark	1862	Stülcken, Hamburg	„	V
6	Paquita	„	1862	England	Eisen	Ll
7	Persia	„	1862	Oltmanns, Brake	Holz	V
8	Pluto	Vollschiff	1862	Jones Quiggung & Co., Liverpool	Eisen	V
9	Patria	Bark	1863	Oltmanns, Brake	Holz	V
10	Puch	„	1863	England	Eisen	Ll
11	Carolina	„	1864	Stülcken, Hamburg	Holz	V
12	Pavian	„	1864	England	Eisen	V
13	Perle	„	1864	Oltmanns, Brake	Holz	V
14	Henrique Theodoro	„	1865	Stülcken, Hamburg	„	V
15	Rosay Isabel	„	1865	do.	„	V
16	Papa	„	1865	Oltmanns Wwe., Brake	„	V
17	Professor	„	1865	Reiherstiegwerft, Hamburg	Eisen	V
18	Pacha	„	1866	Joh. Marbs, Hamburg	Holz	V
19	Pyrmont	„	1866	Oltmanns Wwe., Brake	„	V
20	Panama	„	1869	Joh. Marbs, Hamburg	„	V
21	Henriette Behn	„	1872	Dreyer, Hamburg	„	V
22	Patagonia	„	1873	Oltmanns Wwe., Brake	„	V
23	Polynesia	Vollschiff	1874	Reiherstiegwerft, Hamburg	Eisen	Ll
24	Paradox	Bark	1876	Behn, Altona	Holz	V
25	Paladin	„	1877	Schau & Oltmanns, Geestemünde	„	V
26	Pandur	„	1877	do.	„	V
27	Parnass	„	1878	do.	„	V
28	Parsifal	„	1882	Blohm & Voß, Hamburg	Eisen	V
29	Pirat	„	1883	do.	„	G u. V
30	Pestalozzi	„	1884	do.	„	G u. V
31	Paposo	„	1885	do.	„	G u. V
32	Plus	„	1885	do.	„	G, Ll u. V
33	Prompt	„	1887	do.	Stahl	G, Ll u. V
34	Potrimpos	„	1887	do.	„	Ll u. V
35	Pamelia	„	1888	do.	„	G u. Ll
36	Pergamon	„	1888	do.	„	Ll u. V

F. Laeisz, Hamburg.

Abmessungen nach Lloyds Register **) in Fuß englisch				Reg.-Tonnen		Tragfähigkeit in tons engl.	Besatzung inkl. Kapitän u. Offiz.	Auf 1 Mann Besatzung		Bemerkungen
L	B	D	H	Brutto	Netto			Br.-Reg.-To.	To. Tragf.	
—	—	—	—	—	—	—	—	—	—	
141.4	28.7	16.6	—	461	440	—	—	—	—	verkauft
187.0	32.2	21.0	—	841	808	1075 (?)	—	—	—	1880 angek. u. verk.
—	—	13.0	—	225	rd 200	rd 300	—	—	—	
38,4 m	8,5 m	3,35 m	—	—	354	480	—	—	—	verkauft 1881
163.7	27.1	16.1	—	—	460	665	—	—	—	verkauft
—	—	15.0	—	—	404	545	—	—	—	
213.9	35.1	22.8	—	1159	1133	1685	—	—	—	verkauft
131.1	28.5	16.4	—	—	391	550	—	—	—	verkauft
154.0	27.5	17.6	—	512	483	715	13	40	55	verkauft
B = 37′	F = 28′									
40,0 m	8,3 m	4,85 m	—	—	402	540	—	—	—	1882 i. Haf. gestrandet
—	—	—	—	—	1162	netto Zucker 1560	—	—	—	gek. 1882; versch. 1882
139.9	26.4	16.0	—	—	406	550	—	—	—	verkauft
42,3 m	9,0 m	5,25 m	—	—	408	570	—	—	—	verkauft
41,8 m	8,9 m	5,16 m	—	—	407	550	—	—	—	verkauft
128.5	25.5	16.1	—	404	392	540	—	—	—	verkauft
143.0	27.6	17.2	—	536	512	745	—	—	—	verkauft
42,1 m	8,8 m	5,06 m	—	—	432	620	—	—	—	verloren 1876
—	—	15.0	—	—	403	525	—	—	—	verkauft
—	—	17.0	—	455	411	565	13	35	43	verkauft
48,9 m	8,9 m	5,59 m	—	—	625	920	—	—	—	im Hafen gestrandet
41,9 m	8,8 m	5,16 m	—	—	491	690	—	—	—	verkauft
195.0	33.0	20.4	—	—	1020	1486	—	—	—	1889 im Engl. Kanal gestrandet
P = 45′	F = 22′									
168.0	34.2	19.6	—	—	683	1000	—	—	—	verkauft
41,5 m	8,9 m	5,37 m	—	—	547	rd 800	—	—	—	im Hafen gestrandet
44,9 m	8,9 m	5,66 m	—	—	595	860	—	—	—	verkauft
165.3	33.1	18.9	—	647	629	910	—	—	—	verkauft
200	34	20	—	rd 1080	1050	1575	17	63	104	1886 bei Cap Horn gesunken
212.6	34.4	20.0	—	1053	1029	1570	17	62	92	verkauft
210.6	34.4	19.9	—	1062	1039	1600	17	62	94	verkauft
211.4	34.3	20.0	—	1062	1038	1600	17	62	94	verkauft
226.6	36.0	20.6	22′ 3″	1259	1234	1800	19	66	95	
	Q = 64′									
238.8	38.1	20.5	22′ 6″	1445	1417	2100	20	72	105	
227.7	35.9	20.7	22′ 3″	1273	1246	1900	19	67	100	gestrandet 1896 im Columbia-Fluß
	Q = 64′									
244.5	38.1	20.8	22′ 6″	1442	1403	2150	20	72	108	
244.4	38.1	20.7	—	1447	1411	2200	20	72	110	verschollen 1891
	P = 48′									

*) und **) Siehe S. 83.

a) Liste der Schiffe von

Lfd. Nr.	Name	Takelung	Bau-jahr	Werft	Material	Klasse *)
37	Palmyra	Vollschiff	1889	Blohm & Voß, Hamburg.	Stahl	G u. Ll
38	Parchim	„	1889	Joh. C. Tecklenborg	„	G
39	Potsdam	Bark	1889	Blohm & Voß, Hamburg	„	Ll u. V
40	Pera	Vollschiff	1890	Joh. C. Tecklenborg	„	G u. Ll
41	Pampa	„	1890	Neptun, Rostock	„	G u. Ll
42	Persimmon	4 M Bark	1891	Ramage & Fergusson, Leith . . .	„	G u. Ll
43	Posen	Vollschiff	1891	Blohm & Voß, Hamburg	„	Ll, V u. G
44	Pisagua	4 M Bark	1892	Joh. C. Tecklenborg	„	G u. Ll
45	Placilla	„	1892	do.	„	Ll
46	Pitlochry	„	1893	Stephan & Son, Dundee	„	G u. Ll
47	Potosi	5 M Bark	1895	Joh. C. Tecklenborg	„	G u. Ll
48	Preußen	5 M Vollsch.	1902	do.	„	G u. Ll
49	Pangani	4 M Bark	1903	do.	„	G u. Ll
50	Petschili	„	1903	Blohm & Voß, Hamburg	„	G u. Ll
51	Pamir	„	1904	do.	„	G u. Ll

b) F. Laeisz,

Bestand der Flotte (nach Germanischer Lloyd):

Jahr	Zahl	Br.-Reg.-To.
1891	14	rd. 19 500
1896	16	„ 31 000
1901	16	„ 32 000
1906	16	„ 40 000

Sa. 122 500 = rund 30 800 Jahresmittel.

F. Laeisz, Hamburg.

Abmessungen nach Lloyds Register **) in Fuß englisch				Reg.-Tonnen		Tragfähigkeit in tons engl.	Besatzung inkl. Kapitän u. Offiz.	Auf 1 Mann Besatzung		Bemerkungen
L	B	D	H	Brutto	Netto			Br.-Reg.-To.	To. Tragf.	
261.2	38.5	22.6	23′ 9″	1796	1721	2675	23	78	116	
P = 48′										
249.3	39.4	23.0	—	1808	1714	2750	23	78	120	
F = 32′ P = 59′ H = 42′										
244.4	38.1	20.7	—	1463	1405	2150	20	73	108	1891 gestrandet bei Valparaiso
P = 48′										
256.6	39.6	22.3	23′ 8″	1758	1661	2700	23	77	117	
P = 48′ F — 34′										
259.5	40.0	22.2	23′ 8″	1777	1676	2600	23	77	113	Fig. 25
P = 44′ F = 34′										
329.2	45.4	25.7	—	3100	2827	4750	33	94	144	
261.5	40.2	22.3	23′ 8″	1773	1701	2650	23	77	115	früher „Preußen", Fig. 26
P = 49′ F = 35′										
314.8	44.7	26.1	27′ 6″	2852	2678	4300	32	89	134	
P = 24′ B = 64′ F = 34′										
314.5	44.7	26.1	27′ 6″	2845	2681	4350	32	89	136	verkauft, Fig. 30
P = 24′ B = 64′ F = 34′										
319.5	45.2	26.5	—	3088	2904	4550	32	97	142	
366.3	49.7	28.5	30′ 1″	4026	3854	6300	41	98	154	Fig. 33, 34
P = 25′ B = 66′ F = 38′										
407.8	53.6	27.1	32′ 6″	5081	4765	8000	45	113	174	Fig. 37, 42, 43
P = 31′ B = 93′ F = 35′										
322.2	46.2	26 3	27′ 10″	3054	2822	4450	33	93	135	
P = 31′ B = 62′ F = 37′										
321.7	47.0	26.2	28′ 0″	3087	2855	4500	33	94	136	
P = 17′ B = 62′ F = 37′										
316.1	46.1	26.2	28′ 3″	3020	2777	4425	33	92	128	Fig. 32
P = 17′ B = 62′										

*) und **) Siehe S. 83.

Hamburg.

Seit 1891 verlorene Schiffe:

Lfd. Nr.	Name	Jahr	Br.-Reg.-To.
34	Potrimpos . . .	1896	1273
36	Pergamon . . .	1891	1447
39	Potsdam	1891	1463

Sa. in 15 Jahren 4183 = 279 Jahresmittel

Verlust in den letzten 15 Jahren $= \frac{279}{30\,800} = 0{,}90\,\%$ der Br.-Reg.-To.

c) Fünfmast-Vollschiff

Reederei: F. Laeisz-Hamburg;

Aus-

Lizard—Linie	Linie — 50° S.-Ost von Cap Horn	Rund Cap Horn. 50° S. — 50° S.
1. 5. 8. 02 — 27. 8. 02 = 22 Tg.	27. 8. 02 — 18. 9. 02 = 22 Tg.	18. 9. 02 — 27. 9. 02 = 9 Tg.
2. 5. 3. 03 — 18. 3. 03 = 13½ „	18. 3. 03 — 10. 4. 03 = 23 „	10. 4. 03 — 20. 4. 03 = 10 „
3. 26. 8. 03 — 21. 9. 03 = 26 „	21. 9. 03 — 14. 10. 03 = 22 „	14. 10. 03 — 25. 10. 03 = 12 „
4. 4. 3. 04 — 21. 3. 04 = 17 „	21. 3. 04 — 11. 4 04 = 21½ „	11. 4. 04 — 19. 4. 04 = 8 „
5. 11. 9. 04 — 7. 10. 04 = 26 „	7. 10. 04 — 26. 10. 04 = 19 „	26. 10. 04 — 3. 11. 04 = 8 „
6. 4. 3. 05 — 25. 3. 05 = 21 „	25. 3. 05 — 15. 4. 05 = 21 „	15. 4. 05 — 1. 5. 05 = 16 „
7. 16. 9. 05 — 13. 10. 05 = 27 „	13. 10. 05 — 31. 10. 05 = 18½ „	31. 10. 05 — 11 11. 05 = 10½ „

Rück-

Westküste — Cap Horn	Cap Horn—Linie	Linie—Kanal
1. 25. 10. 02 — 16. 11. 02 = 23 Tg.	16. 11. 02 — 15. 12. 02 = 29½ Tg.	15. 12. 02 — 12. 1. 03 = 27½ Tg.
2. 14. 5. 03 — 1. 6. 03 = 18 „	1. 6. 03 — 26. 6. 03 = 25 „	26. 6. 03 — 21. 7. 03 = 25 „
3. 20. 11. 03 — 13. 12. 03 = 24 „	13. 12. 03 — 9. 1. 04 = 27 „	9. 1. 04 — 1. 2. 04 = 23 „
4. 18. 5. 04 — 15. 6. 04 = 27 „	15. 6. 04 — 11. 7. 04 = 27 „	11. 7. 04 — 6. 8. 04 = 26 „
5. 22. 11. 04 — 15. 12. 04 = 22 „	15. 12. 04 — 8. 1. 05 = 25 „	8. 1. 05 — 30. 1. 05 = 22 „
6. 1. 6. 05 — 22. 6. 05 = 21 „	22. 6. 05 — 15. 7. 05 = 24 „	15. 7. 05 — 17. 8. 05 = 33 „
7. 1. 12. 05 — 20. 12. 05 = 19 „	20. 12. 05 — 18. 1. 06 = 29 „	18. 1. 06 — 10. 2. 06 = 23 „

„Preußen“.

Kapitän: B. Petersen.

gehend.

50° S. Br. — Bestimmungshafen	Ganze Reise Lizard — Bestimmungshafen	Bemerkungen
27. 9. 02 — 8. 10. 02 = 11 Tg.	64 Tage	Iquique
20. 4. 03 — 1. 5. 03 = 11 „	$57^1/_2$ „	„
25. 10. 03 — 6. 11. 03 = 12 „	72 „	Tocopilla
19. 4. 04 — 5. 5. 04 = $15^1/_2$ „	62 „	„
3. 11. 04 — 12. 11. 04 = 8 „	62 „	Iquique
1. 5. 05 — 22. 5. 05 = 21 „	79 „	„
11. 11. 05 — 22. 11. 05 = 11 „	67 „	„

kehrend.

Ganze Reise Westküste — Kanal	Ganze Reise von Cap Horn zurück „ „	Ganze Reise von Linie zurück „	Ganze Reise vom Kanal zurück „
80 Tage	1 Monat 24 Tage	3 Monat 18 Tage	5 Monat 8 Tage
68 „	1 „ 18 „	3 „ 8 „	4 „ 17 „
74 „	1 „ 25 „	3 „ 19 „	5 „ 6 „
80 „	2 „ — „	3 „ 20 „	5 „ 2 „
69 „	1 „ 15 „	3 „ — „	4 „ 19 „
78 „	1 „ 26 „	3 „ 20 „	5 „ 12 „
71 „	1 „ 17 „	3 „ 5 „	4 „ 24 „

Anhang IV.

Haupt-Seglerwege	Br.-Reg.-To.	Abfahrt von	Abfahrt am	Ankunft in	Ankunft am	Reisedauer in Tagen	längste Reise l Tge.	kürzeste Reise k Tge.	mittlere Dauer m Tge.	(l−k)/m =	%
I. Hamburg—Südamerika Westküste											
1. Fünfmast-Bark „Potosi“ . . .	4026	Elbfeuerschiff I	10. 4.1903	Iquique	21. 6.1903	70					
2. Fünfmast-Vollschiff „Preußen“	5081	do.	26. 2.1905	do.	22. 5.1905	85					
3. Viermast-Bark „Pisagua“ . .	2852	do.	24. 6.1904	Valparaiso	2.10.1904	100	107	70	90	37/90	41
4. „ „ „Urania“ . . .	3265	Hamburg	3. 7.1905	Taltal	18.10.1905	107					
5. „ „ „Thekla“ . . .	3076	do.	7. 9.1902	do.	7.12.1902	90					
II. Westküste Südamerika — Hamburg											
1. Fünfmast-Bark „Potosi“ . . .	4026	Iquique	4. 7.1903	Cuxhaven	4. 9.1903	61					
2. Fünfmast-Vollschiff „Preußen“	5081	do	31. 5.1905	Elbfeuerschiff I	20. 8.1905	80					
3. Viermast-Bark „Pisagua“ . .	2852	Tocopilla	15.11.1904	do.	11. 2.1905	87					
4. „ „ „Urania“ . . .	3265	Tocopilla	17.11.1905	Borkum Feuersch.	26. 2.1906	100					
5. „ „ „Thekla“ . . .	3076	Pisagua	31.12.1902	Downs	14. 4.1903	104	108	61	91	47/91	51
6. „ „ „Athene“ . .	2470	Iquique	16 10.1904	Elbfeuerschiff I	23. 1.1905	98					
7. „ „ „Lisbeth“ . .	2453	do.	18. 1.1903	Kanal	20. 4.1903	91					
8. „ „ „Eilbek“ . . .	2353	do.	20. 2.1900	Lizard	3. 6.1900	108					
III. Hamburg — Australien											
1. Viermast-Bark „Athene“ . .	2470	Elbfeuerschiff I	28. 3.1905	Sydney	18. 6.1905	81					
2. „ „ „Lisbeth“ . .	2453	Hamburg	16. 5.1902	do.	4. 8.1902	75					
3. „ „ „Eilbek“ . . .	2353	Elbfeuersch. III	17.12.1899	Melbourne	26. 4.1899	110	110	75	87	35/87	40
4. „ „ „Octavia“ . .		Cuxhaven	1.11.1900	Sydney	1. 2.1901	82					
5. „ „ „Omega“ . . .	2471	Lizard	17. 9.1898	Port Adelaide	7.12.1898	86					
IV. Australien — Südamerika Westküste											
1. Viermast-Bark „Athene“ . .	2470	Newcastle New South Wales	22. 8.1905	Tocopilla	8.10.1905	46					
2. „ „ „Lisbeth“ . .	2453	do	2.10.1902	Iquique	12.11.1902	40					
3. „ „ „Eilbek“ . . .	2353	do.	31.10.1899	Tocopilla	9.12.1899	38	47	38	42	9/42	21
4. „ „ „Octavia“ . .		do.	20. 3.1901	Coquimbo	7. 5.1901	47					
5. „ „ „Omega“ . . .	2471	do.	1. 3.1899	Tocopilla	12. 4.1899	41					

Haupt-Seglerwege	Br.-Reg.-To.	Abfahrt von	Abfahrt am	Ankunft in	Ankunft am	Reisedauer in Tagen	längste Reise l Tge.	kürzeste Reise k Tge.	mittlere Dauer m Tge.	$\frac{l-k}{m}$ =	%
V. Hamburg (Kanal) — Californien											
1. Viermast-Bark „Lisbeth" . .	2453	Elbe	30. 5.1903	Santa Rosalia	15.10.1903	138					
2. „ „ „Schiffbek" .	2663	Kanal	23. 4.1898	do.	28. 8.1898	127					
3. Dreimast-Vollschiff „Schwarzenbek"	1970	Kanal	7. 4.1901	do.	2. 8.1901	117	138	117	128	$\frac{21}{128}$	16
4. Viermast-Bark „Schürbek" .	2409	Kanal	10. 7.1902	do.	6.11.1902	119					
5. „ „ „Alsterdamm"	3410	Kanal	25.10.1904	do.	11. 3.1905	137					
VI. Californien — Puget — Sound											
1. Viermast-Bark „Lisbeth" . .	2453	Santa Rosalia	21. 1.1904	Port Townsend	13. 2.1904	23					
2. „ „ „Schiffbek" .	2663	do.	3.11.1898	do.	29.11.1898	26					
3. Dreimast-Vollschiff „Schwarzenbek"	1970	do.	1.10.1901	Astoria	1.11.1901	31	31	23	26	$\frac{8}{26}$	31
4. Viermast-Bark „Schürbek" .	2409	do.	18. 1.1903	Royal Roads	11. 2.1903	25					
5. „ „ „Alsterdamm"	3410	do.	1. 6.1905	San Francisco	28. 6.1905	27					
VII. Nordwestamerika (Puget — Sd.) — Europa											
1. Viermast-Bark „Lisbeth" . .	2453	Port Ludlow	20. 5.1904	Leith	20. 9.1904	122					
2. „ „ „Schiffbek" .	2663	Seattle	24. 1.1899	Falmouth	22. 6.1899	149					
3. Dreimast-Vollschiff „Schwarzenbek"	1970	Astoria	13.12.1901	Lizard	6. 4.1902	114	149	114	129	$\frac{35}{129}$	27
4. Viermast-Bark „Schürbek" .	2409	Port Angeles	10. 4.1903	Liverpool	17. 8.1903	129					
5. „ „ „Alsterdamm"	3410	San Francisco	23. 9.1905	Lizard	30. 1.1906	129					
VIII. Europa — Nordostamerika											
1. Viermast-Bark „Robert Rickmers" . . .		Scilly-Inseln	26.10.1899	Philadelphia	12.12.1899	47					
2. Dreimast-Vollschiff „Rickmer Rickmers" . . .	1980	Helgoland	5. 5.1902	do.	6. 6.1902	32					
3. Dreimast-Vollschiff „Mabel Rickmers"	2065	Kanal	19. 9.1903	do.	21.10.1903	32	48	32	39	$\frac{16}{39}$	41
4. Viermast-Bark „Renée Rickmers"	2066	Kanal	27. 1.1905	do.	16. 3.1905	48					
5. Viermast-Bark „Bertha" . . .	2668	Kanal	8. 7.1898	New York	14. 8.1898	37					

Haupt-Seglerwege	Br.-Reg.-To.	Abfahrt		Ankunft		Reisedauer in Tagen	längste Reise l Tge.	kürzeste Reise k Tge.	mittlere Dauer m Tge.	$\frac{l-k}{m}$ =	%
		von	am	in	am						
IX. Nordostamerika — Japan											
1. Viermast-Bark „Robert Rickmers“ . . .		Philadelphia	9. 1.1900	Hiogo	15. 5.1900	126					
2. Dreimast-Vollschiff „Rickmer Rickmers“ . . .	1980	do.	27. 6.1902	Kobe	6.12.1902	162					
3. Dreimast-Vollschiff „Mabel Rickmers“	2065	do.	23.11.1903	Nagasaki	13. 4.1904	142	176	108	143	$\frac{68}{143}$	47
4. Viermast-Bark „Renée Rickmers“	2066	do.	19. 4.1905	Kobe	5. 8.1905	108					
5. Viermast-Bark „Bertha“ . . .	2668	New York	30. 9.1898	Yokohama	25. 3.1899	176					
X. Japan — Bangkok											
1. Dreimast-Vollschiff „Mabel Rickmers“	2065	Nagasaki	12. 5.1904	Bangkok	19. 6.1904	38					
2. Viermast-Bark „Renée Rickmers“	2066	Kobe	15. 9.1905	do.	30.10.1905	45	45	37	40	$\frac{8}{40}$	20
3. Viermast-Bark „Bertha“ . . .	2668	Yokohama	13. 9.1905	do.	20.10.1905	37					
XI. Bangkok — Europa											
1. Dreimast-Vollschiff „Mabel Rickmers“	2065	Bangkok	16. 7.1904	Lizard	14.12.1904	151					
2. Viermast-Bark „Renée Rickmers“	2066	do.	2.12.1905	Geestemünde	4. 5.1906	153	153	125	143	$\frac{28}{143}$	20
3. Viermast-Bark „Bertha“ . . .		do.	13.11.1905	Start Point	18. 3.1906	125					
XII. Japan — Nordwest-Amerika (Puget Sound)											
1. Dreimast-Vollschiff „Najade“ .	1752	Yokohama	27. 6.1902	Fucca Straße	27. 7.1902	30					
2. „ „ „Neck“ .	2201	do.	13.11.1904	Port Townsend	13.12.1904	30					
3. „ „ „Carl“ . .	2017	do.	21. 2.1902	Astoria	16. 3.1902	22	30	22	28	$\frac{8}{28}$	28
4. Viermast-Bark „Magdalene“ .	2809	do.	8. 9.1902	do.	4.10.1902	26					
5. Dreimast-Vollschiff „Ferdinand Fischer“ . . .	1777	Hiogo	17. 4.1902	Royal Roads	17. 5.1902	30					

Zus. 59 Reisen.

Nachtrag.

I. Allgemeines.

Seit der Fertigstellung des Vortrages (Juli 1906) hat sich Einiges ereignet, das zwar das Gesamtbild der Entwickelung der großen Segelschiffe nicht wesentlich verändert, aber doch wertvolle Ergänzungen zu den bisher angeführten Tatsachen und Meinungen gibt.

Der Deutsche Nautische Verein hat in der Tagung vom 15./16. Februar 1906 die Lage der Segelschiffahrt eingehend besprochen und die weitere Behandlung dieser Angelegenheit einer Kommission übertragen, welche die ganzen Verhältnisse der Segelschiffahrt untersucht und dem Vereinstag vom 18./19. März 1907 eine Reihe von Vorschlägen unterbreitet hat; einige Punkte sind zur weiteren Beratung einer gemeinsam vom Nautischen Verein und der Schiffbautechnischen Gesellschaft gebildeten nautisch-technischen Kommission überwiesen, welche dem Vereinstag 1908 berichtet. An den Beratungen beider Kommissionen hat der Verfasser teilgenommen.

Weiter sind im vergangenen Jahre sehr eingehend behandelt worden der Vorschlag des früheren Kapitäns des Schulschiffes „Großherzogin Elisabeth“, H. Rägener, „Raasegel nach der Mitte einzuholen“, und die Frage der Hilfsmaschinen resp. der Motoren für große Segelschiffe.

Neue Tatsachen und das Ergebnis aller dieser Verhandlungen sollen im folgendem kurz besprochen werden.

II. Ergänzung früherer Angaben.

Zu den erwähnten Beratungen des „Deutscher Nautischer Verein“ hat der Verfasser die in Fig. 69 und 70 beigegebene graphische Statistik über die Segelschiffe Deutschlands in den letzten Jahrzehnten anfertigen lassen, welche in übersichtlicher Weise die auf den Seiten 45 und 47 und in den

Statistik der deutschen Segelschiffe.

I. Anzahl, Raumgehalt, Besatzung der einzelnen Typen.

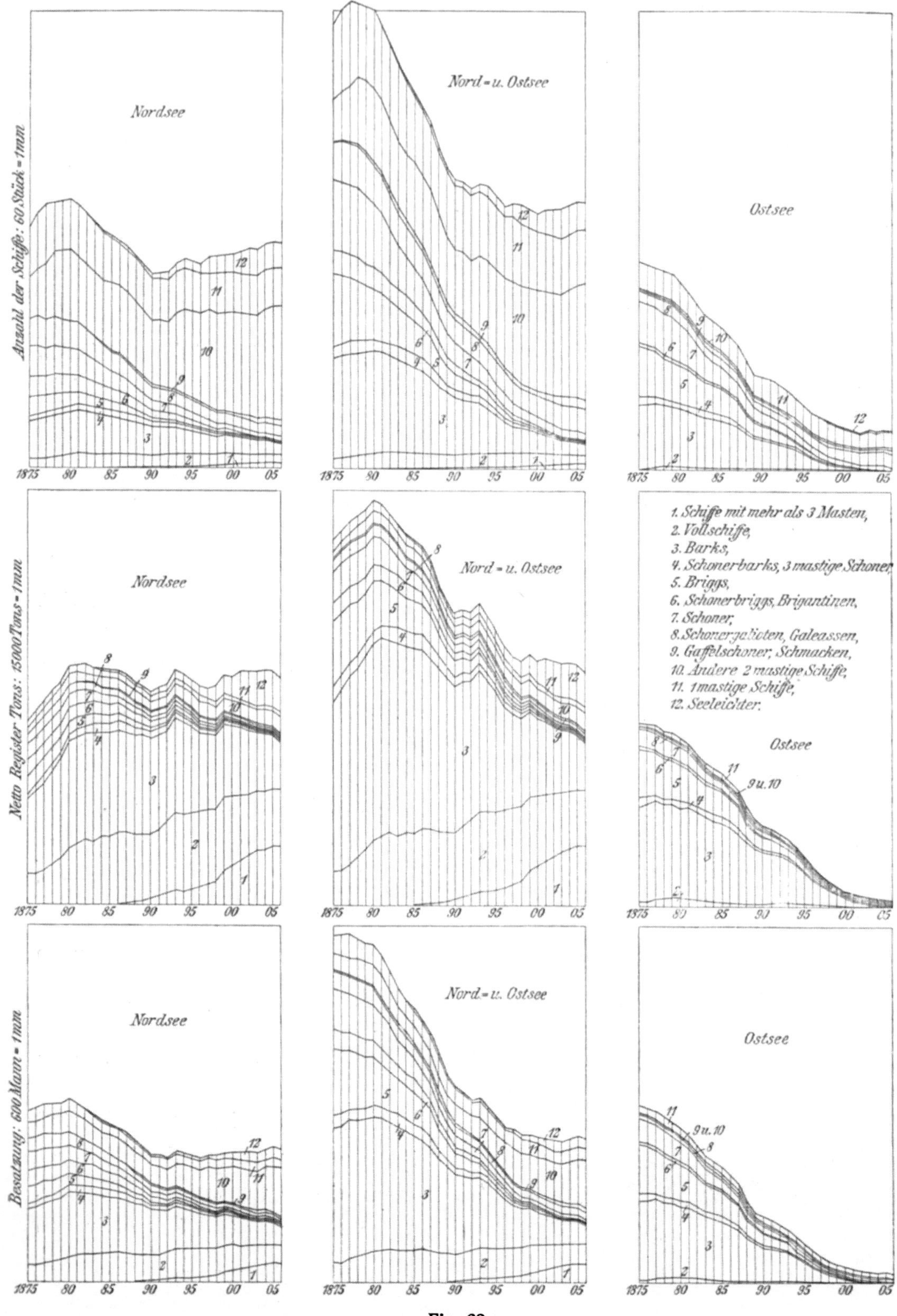

Fig. 69.

Statistik der deutschen Segelschiffe.

II. Baumaterial.

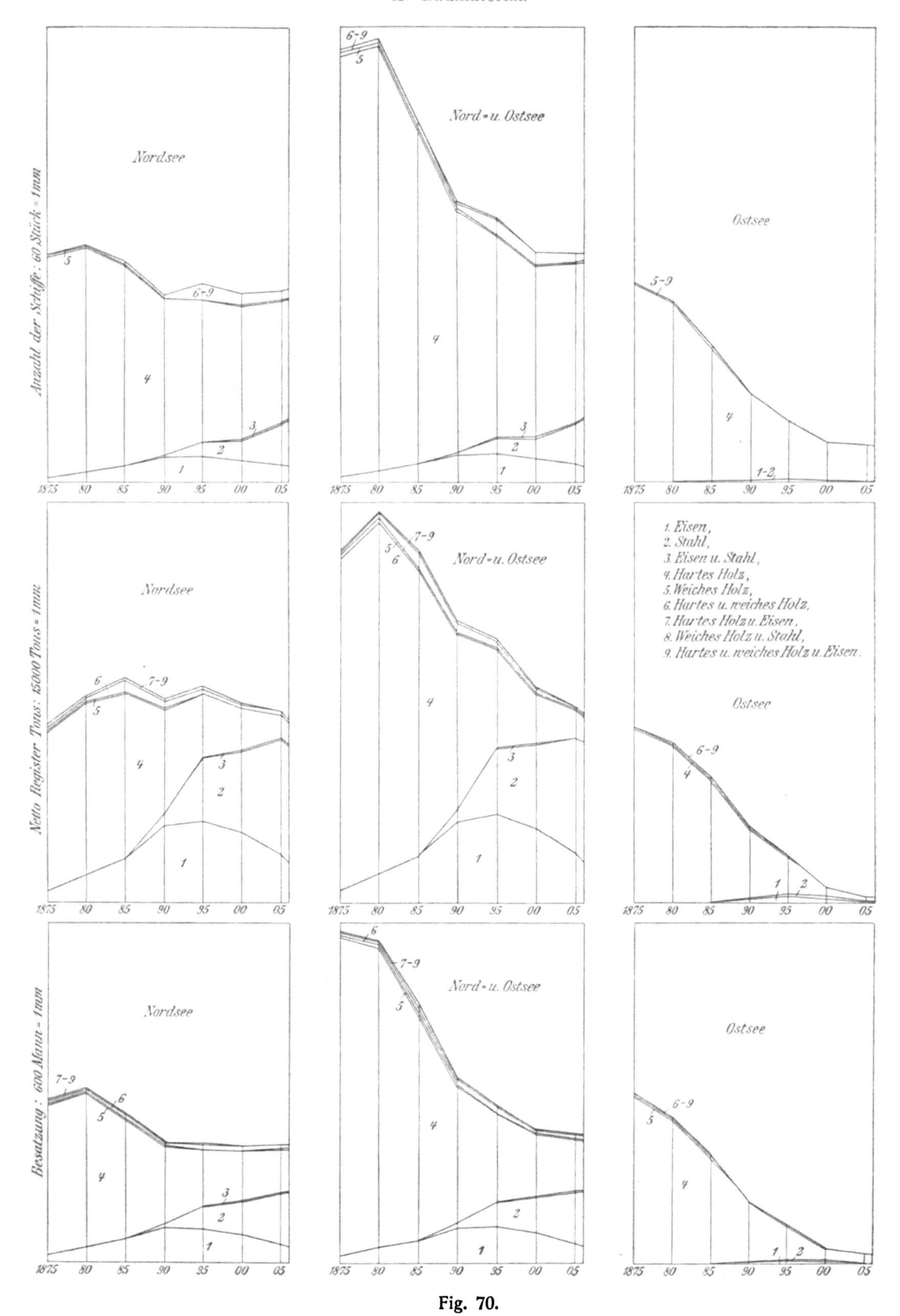

Fig. 70.

Takelung einer Viermastbark.

II. Marssaling.

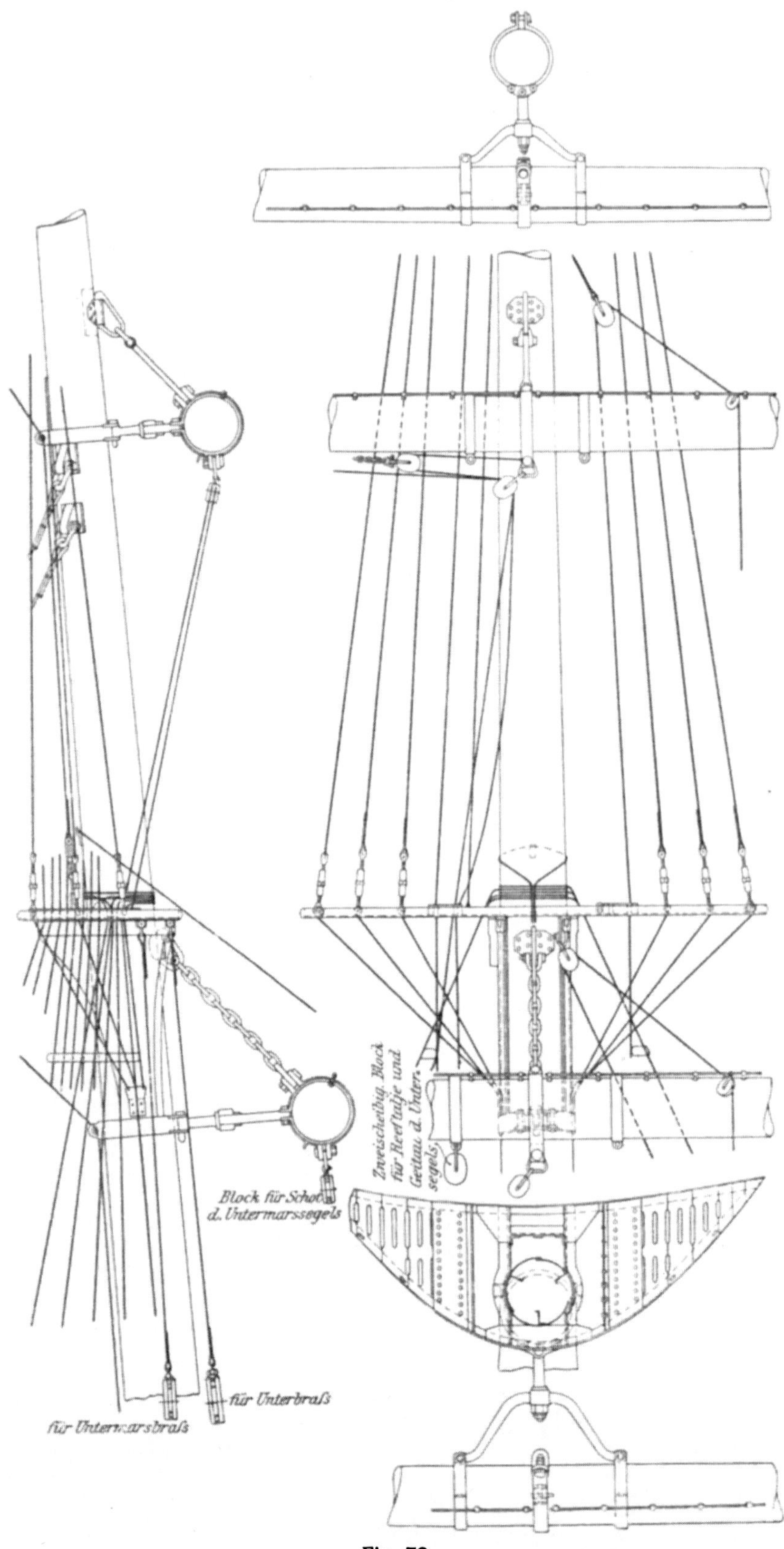

Fig. 72.

Additional information of this book

(Die Grossen Segelschiffe); 978-3-642-51283-4; 978-3-642-51283-4_OSFO13) is provided:

http://Extras.Springer.com

Takelung einer Viermastbark.

III. Bramsaling.

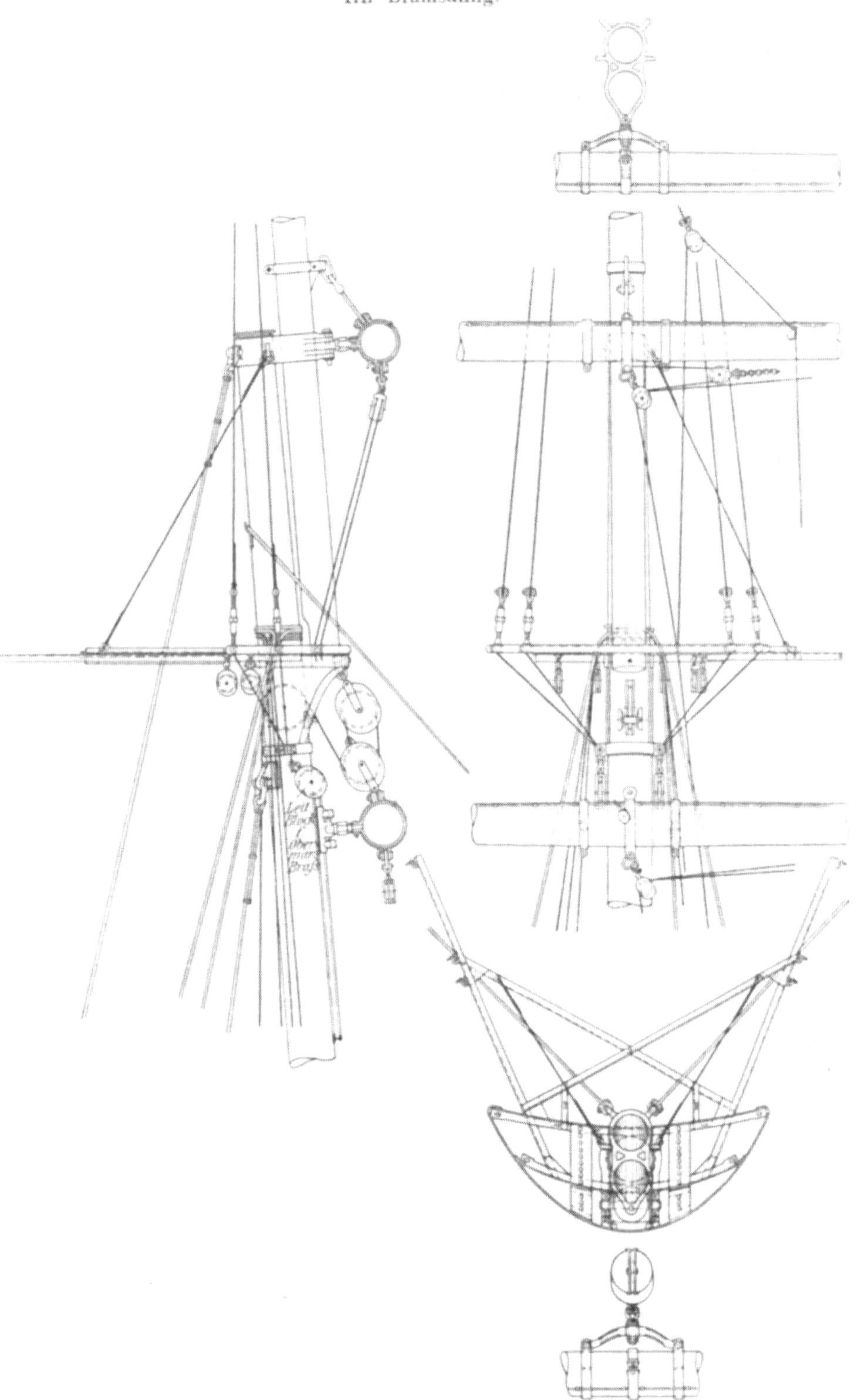

Fig. 73.

Fig. 57 und 58 enthaltenen Angaben ergänzt. Die einzelnen Gruppen der verschiedenen Schiffe oder des verschiedenen Materials sind übereinander aufgetragen, so daß die oberste Linie gleichzeitig die Gesamtsumme darstellt.

Es geht daraus sehr deutlich hervor (s. Fig. 70), daß der Niedergang der deutschen Segelschiffahrt in erster Linie dem Verschwinden der Holzschiffe zuzuschreiben ist, und daß die Schiffe aus Eisen und Stahl sich dauernd vermehrt haben. Einen wesentlichen Einfluß auf die Gesamtzahl hat der Niedergang der Segelschiffahrt in der Ostsee gehabt, während die Zahl und der Raumgehalt der an der Nordsee beheimateten Schiffe sich infolge der entsprechenden Neubauten der Stahlschiffe annähernd gehalten hat, trotz des starken Abfalls der Holzschiffe. Nachdem nunmehr in der Ostsee der Bestand nahezu auf Null herabgegangen ist, hört der Einfluß der Ostsee auf die Gesamtzahl auf. Die Kurven zeigen einen stetigeren Verlauf, zum Teil ein Ansteigen.

Fig. 69 zeigt deutlich, daß in erster Linie die mittleren Größen verschwinden; besonders die Barken (Nr. 3), der früher beliebteste Typ, nehmen rapide ab, ebenso die Schoner (Nr. 4 bis 9); die Vollschiffe (Nr. 2) haben sich so ziemlich gehalten; eine wesentliche Vermehrung, besonders sichtbar bei den Kurven der Netto-Register-Tonnen, zeigen die Schiffe mit mehr als 3 Masten (Nr. 1). Nebenbei möge auch die dauernde Zunahme der kleinen Segelschiffe (Nr. 10 und 11) bemerkt werden.

Es ist diese Tatsache ein Beweis dafür, daß moderne große Segelschiffe in langer Fahrt den Frachtdampfern wohl konkurrenzfähig bleiben; es muß daraus aber der Schluß gezogen werden, daß die Verbesserungen an den Segelschiffen

a) Liste der Schiffe von

Lfd. Nr.	Name	Takelung	Bau-jahr	Werft	Material	Klasse
52	Peiho	Vollschiff	1902	A. Mc. Millian & Son, Dumbarton .	Stahl	Ll
53	Pirna	„	1894	Joh. C. Tecklenborg, Geestemünde	„	G
54	Pommern . . .	4 M Bark	1903	J. Reid & Co. Ltd., Glasgow . . .	„	Ll

und die Organisation des Betriebes Schritt halten müssen mit den Fortschritten der Dampfer.

Weiter möge der große Segelriß einer Viermastbark (Fig. 52) ergänzt werden durch Haupteinzelheiten der Takelung, welche in den Figuren 71, 72, 73 dargestellt sind.

Schließlich ist noch folgendes zu bemerken:

1. zu S. 10: Der Siebenmastschoner „Thomas W. Lawson“ ist am 19. Dezember 1907 bei Scilly durch Strandung infolge Bruchs der Ankerketten vollständig verloren gegangen.

2. zu S. 58: In der Marine-Rundschau, Juni 1907 hat Herr B. Ihnken in dankenswerter Weise die Vorschläge (S. 51 bis 63) zur Verbesserung der großen Segelschiffe besprochen. Dabei befindet sich aber an einer Stelle (a. a. O. S. 793) ein Mißverständnis: Wenn auf Seite 58 gesagt wird, daß eine „Vermehrung der Mannschaft nicht nötig wird, wenn Kapitän und Offiziere sich vorher genügend mit der Behandlung und Bedienung der Motoren vertraut gemacht haben“, so ist damit nicht gemeint, daß die Offiziere dauernd den Motor etwa bei der Einfahrt in die Häfen oder in den Kalmen bedienen sollen; es sollte damit nur gesagt werden, daß es wünschenswert ist, wenn auch der Kapitän und die Offiziere so viel von dem Motor und seiner Bedienung verstehen, um im Notfall einzuspringen; die normale Bedienung soll ein Fachmann leisten, der vielleicht gleichzeitig die Arbeiten des Schmiedes an Bord übernimmt, sodaß bei kleinen Anlagen eine Vermehrung der Mannschaft nicht erforderlich wird.

3. zu Anhang III:

F. Laeisz, Hamburg.

Abmessungen nach Register des Germanischen Lloyd in Fuß englisch				Reg.-Tonnen		Bemerkungen
L	B	D	H	Brutto	Netto	
275	41.5 P = 40'	24.2 F = 27'	—	2131	1970	früher „Argo“, angekauft von M. S. Amsinck-Hamburg.
255.3	39.4	23.1	24.5	1789	1687	früher „Beethoven“ angekauft von N. H. P. Schuldt-Hamburg.
302.0	43.4 P = 37'	24.7 F = 32'	—	2456	2266	früher „Mneme“, angekauft v. B. Wencke Söhne-Hamburg.

b) Bestand

Die Flotte besteht z. Z. (1908) aus 19 Schiffen (s. Tabelle III a, lfd. Nr. 32, 33, 35, 37, 38, 40—44, 46—54)

c) Fünfmast-Vollschiff

Anm. Die ersten 9 Reisen sind ausgehend in Ballast gemacht; auf der 10. Reise wurde Ladung Salpeter.

Aus-

Reisen	Lizard—Linie	Linie — 50 ° S.-Ost von Cap Horn	Rund Cap Horn 50 ° S. — 50 ° S.
8.	21. 3. 06— 8. 4. 06 = 18 Tage	8. 4. 06— 8. 5. 06 = 30 Tage	8. 5. 06—18. 5. 06 = 10½ Tage
9.	23. 9. 06—20. 10. 06 = 27 „	20. 10. 06—11. 11. 06 = 21 „	11. 11. 06—19. 11. 05 = 8½ „
10.	9. 5. 07— 6. 6. 07 = 28 „	6. 6. 07—27. 6. 07 = 21 „	27. 6. 07—17. 7. 07 = 20 „ [1])

[1]) Außergewöhnlich schweres Wetter bei Cap Horn.

Rück-

Reisen	Westküste — Cap Horn	Cap Horn—Linie	Linie—Kanal
8.	11. 6. 06—27. 6. 06 = 16½ Tage	27. 6. 06—19. 7. 06 = 22½ Tage	19. 7. 06—22. 8. 06 = 34 Tage
9.	16. 12. 06— 3. 1. 07 = 18 „	3. 1. 07—25. 1. 07 = 22 „	25. 1. 07—16. 2. 07 = 22 „
10.	5. 11. 07—23. 11. 07 = 17½ „	23. 11. 07—14. 12. 07 = 21 „	14. 12. 07— 6. 1. 08 = 22½ „

[2]) Langer Aufenthalt in Valparaiso (75 Tage).

III. Verhandlungen des Deutschen Nautischen Vereins.*)

Die Vorschläge der S. 107 erwähnten Kommission, welche auf dem Vereinstag 1907 angenommen wurden, umfassen das ganze Gebiet der Segelschiffahrt. Entgegen dem Ausgangsantrag (Verhandlungen 1906) sprach sich der Vereinstag zunächst prinzipiell gegen direkte Staatshilfe aus, insbesondere gegen Bauprämien, Mannschaftsprämien und Meilengelder. Tatsächlich sind die Erfahrungen mit Subvention bei anderen Staaten (s. S. 17 ff.) nicht derart, daß man auf diesem Wege Abhilfe suchen könnte. Die übrigen Vorschläge sind fast durchweg kleine Mittel, wie z. B. Herabsetzung der Konsulatsgebühren und der Hafenabgaben u. a., die aber, wenn durchführbar, doch in ihrer Gesamtheit eine Entlastung der Segelschiffahrt herbeiführen können.

Wie bereits auf Seite 53 betont, sind jedoch die wichtigsten Fortschritte auf technischem Gebiete möglich. Die erwähnte Kommission hat sich diesem Standpunkt angeschlossen, und auch der Nautische Verein hat die Wichtigkeit des Gegenstandes durch Bildung der nautisch-technischen Kommission anerkannt. Es handelt sich im wesentlichen darum, Mittel zu

*) Verhandlungen des Deutschen Nautischen Vereins 1906, 1907, 1908.

der Flotte.

mit einem Brutto-Raumgehalt von rund 47 000 Reg.-To. — Verluste seit 1906 nicht eingetreten.

„Preußen".

eine volle Ladung Stückgut nach Valparaiso gebracht. Die Rückreisen erfolgten stets mit voller

gehend:

50° S. Br. — Bestimmungshafen	Ganze Reise Lizard — Bestimmungshafen	Bemerkungen
18. 5. 06—29. 5. 06 = 10½ Tage	69 Tage	Taltal
19. 11. 06— 1. 12. 06 = 11½ „	68 „	„
17. 7. 07—28. 7. 07 = 11 „	80 „ [1])	Valparaiso

kehrend:

Ganze Reise Westküste — Kanal	Ganze Reise von Cap Horn zurück „ „	Ganze Reise von Linie zurück Linie	Ganze Reise von Kanal zurück Kanal
73 Tage	1 Monat 14 Tage	3 Monat 11 Tage	5 Monat 1 Tag
62 „	1 „ 21 „	3 „ 6 „	4 „ 26 Tage
62 „	4 „ 16 „ [2])	6 „ 19 „ [2])	7 „ 29 „ [2])

finden zur besseren Ausnutzung der Errungenschaften der modernen Technik im Segelschiffsbetrieb; hier müssen Ingenieure und Kapitäne zusammenarbeiten. Außerdem ist, besonders für die kleinen Segler, welche viel Häfen anlaufen, wichtig die Vermessungsfrage, welche von dem Verfasser eingehend in besonderen Aufsätzen*) behandelt worden ist.

Vielleicht gelingt es im Laufe der Jahre, für die Vertretung der Gesamtinteressen der deutschen Segelschiffahrt eine ständige Zentrale zu schaffen, welche durch Anregungen und Unterstützung bei Versuchen dem Fortschritt die Wege ebnet — in ähnlicher Weise, wie der Deutsche Seefischerei-Verein für die Verbesserung des Seefischerei-Betriebes und seiner Fahrzeuge arbeitet. Eine solche dauernde Vertretung der Segelschiffahrt könnte als selbständiger Verein wirken; besser jedoch erscheint es, dieselbe an einen bestehenden Verein anzugliedern, der sich bereits das Vertrauen der Segelschiffahrt erworben hat; es kann z. B. im Nautischen Verein ein ständiger Ausschuß für die Segelschiffahrt geschaffen werden, oder der Deutsche Schulschiffverein erweitert seine Aufgabe zur Hebung der Deutschen Segelschiffahrt.

*) „Hansa", Deutsche Nautische Zeitschrift 1907, Nr. 7 und 15—18.

IV. System H. Rägener „Raasegel nach der Mitte einzuholen".

Dem auf S. 55 ausgesprochenen Appell an die ingeniösen Seemänner ist inzwischen die Tat gefolgt, wenn auch die Anregungen des Herrn Kapitän H. Rägener weiter zurückgehen auf die Zeit, wo er die „Großherzogin Elisabeth" für den Deutschen Schulschiffverein geführt hat (1905).

Das Prinzip ist in der „Hansa"*) eingehend behandelt und von verschiedenen Seiten kritisiert worden. Es sollen daher hier nur die Hauptunterschiede gegen das Bisherige kurz besprochen werden. Hierzu dienen Fig. 74 und 75, welche den Großtopp einer Viermastbark nach dem bisherigen System und nach Rägener darstellen.

Rägener hat nur feste Raaen, und jedes Segel in der Mitte vertikal geteilt. Das Einholen und Ausbringen der Segel erfolgte wie beim Besahn durch horizontale Bewegung. Raaliek und Unterliek sind fest geführt, das Raaliek an einer Schiene unter der oberen Raa, das Unterliek an einem Jackstag auf der unteren Raa; das Jackstag ist in der Höhe einstellbar, wenn das Segel sich im Gebrauch gereckt hat oder ein Segel durch ein anderes ersetzt werden soll.

Die Einteilung der Segel ist in Fig. 75 so gewählt, daß Unter- und Obermarssegel die kleinsten Segel sind, da sie am längsten stehen bleiben sollen. Bram- und Royalsegel sind als Passat- oder Schönwettersegel größer gewählt. Die Einteilung ist zwar ganz beliebig; für die Beanspruchung der Takelung ist es aber sicher besser, wenn bei starkem Wind die beiden Marssegel stehen bleiben und nicht wie bisher das Untermars- und das Unterbramsegel mit der Lücke dazwischen.

Es kann beim System Rägener auch dieselbe Anordnung der Raaen gewählt werden, wie bisher, also im gewählten Beispiel 5 Raaen statt 4 über dem Untersegel; dies würde z. B. bei Umänderung einer bestehenden Takelung nach dem neuen System zweckmäßig sein.

Folgende erhebliche Vorteile des System Rägener müssen ohne weiteres anerkannt werden:

1. Die losen Raaen (Obermars, Oberbram, Royal) werden fest; die Zahl der Raaen kann vermindert werden, da die Einzelsegel durch die vertikale Teilung viel kleiner werden als bei dem alten System; durch den Fortfall von 1 oder 2 Raaen, jedenfalls aber durch die

*) „Hansa", Deutsche Nautische Zeitschrift 1907, Nr. 3, 5, 15, 21, 28.

Additional information of this book

(Die Grossen Segelschiffe); 978-3-642-51283-4; 978-3-642-51283-4_OSFO14) is provided:

http://Extras.Springer.com

nicht mehr notwendigen Fallen wird Gewicht gespart und die Bedienung vereinfacht.

2. Die festen Raaen können alle mit Topnanten versehen und daher leichter werden.
3. Die Beanspruchung des Segels und der Raa ist durch die feste Führung des Unterlieks wesentlich günstiger. Die Raa kann daraufhin (bei gleicher Segelgröße) sicher leichter werden, das Segel wird besser stehen und nicht so einseitig beansprucht wie durch die Schot.

Ob die anderen von Herrn Rägener angeführten Vorteile voll erreichbar sind, ob vor allem ein besonderes Festmachen der Segel oben nicht notwendig ist und weniger Raaen gefahren werden können, ob und wieviel an Mannschaft gespart werden kann, darüber wird nur der Versuch entscheiden.

Neuerungen in der Bedienung der Takelung führen sich nur sehr schwer ein infolge der Empfindlichkeit des Segelschiffsbetriebes und der konservativen Gesinnung der Kapitäne. Es hat vieler Jahre bedurft, um den doppelten Raaen Freunde zu schaffen, und auch die Brassenwinden werden noch heute von einzelnen Kapitänen nicht beachtet, obgleich die neuesten und besten großen Schiffe, wenigstens in Deutschland, mit denselben sehr gute Erfahrungen gemacht haben. Wenn man dies alles berücksichtigt, wird man damit rechnen müssen, daß auch das System Rägener sich so leicht nicht einführen wird. Jedenfalls aber wäre es sehr zu wünschen, daß ein einwandfreier Versuch damit gemacht wird; am besten wäre es natürlich, wenn dem Erfinder selbst Gelegenheit gegeben werden könnte, die Einzelausführung seiner Ideen zu leiten und auf einem von ihm geführten Schiffe zu erproben; hoffentlich entschließt sich der Schulschiffverein zu diesem Versuch*).

V. Die Hilfsmaschine.

Diese für die Zukunft der großen Segelschiffe wichtigste Frage ist in dem letzten Jahre Gegenstand von viel Arbeit und großer Verschiedenheit der Meinung gewesen. Zweifellos aber hat der Kampf für und wider sehr zur Klärung der Angelegenheit beigetragen und die Aussichten auf Verwirklichung wesentlich gebessert.

Sehr wichtig hierbei wird das Ergebnis der Fünfmastbark mit Hilfsdampfmaschine „R. C. Rickmers" sein, welche sich z. Z. auf der zweiten

*) Hansa 1907, Nr. 48 S. 981.

Rundfahrt befindet. Über die erste Reise ist ausführlich auf Grund der meteorologischen Tagebücher von der Deutschen Seewarte berichtet worden*). Danach hat die Abkürzung der Reisen durch die Hilfsmaschine auf den Ozeanstrecken, ungünstig gerechnet, 25% betragen; dazu kommt noch die erhebliche Abkürzung in den engen Gewässern des ostindischen Inselmeeres, des englischen Kanals und der Nordsee.

Das Ergebnis der ersten Reise hat dem Verfasser Gelegenheit gegeben, die Betriebskosten der Hilfs-Dampfmaschine zu vergleichen mit einer Diesel-Motoranlage von gleicher Stärke**). Selbstverständlich wäre eine Motoranlage wesentlich ökonomischer gewesen, doch muß ohne weiteres anerkannt werden, daß beim Bau der „R. C. Rickmers“ (1905) eine solche Anlage noch nicht in Frage kam, da damals die Motorindustrie solche Leistungen noch nicht liefern konnte. Um so wichtiger wird das geschäftliche Ergebnis dieses hochinteressanten Versuches für die große Segelschiffahrt werden. Nach Beendigung der zweiten Rundreise hat der Urheber dieses Schiffes, Herr Andreas Rickmers, die Veröffentlichung des Ergebnisses in Aussicht gestellt***); aber schon jetzt scheint es im Gegensatz zu den Erwartungen Vieler klar zu sein, daß der Versuch nicht ungünstig ausfallen wird.

Um über den Hauptvorteil einer Hilfsmaschine, die Abkürzung der Reisen, noch genauere Angaben zu erhalten, sind die im Anhang IV (S. 104—106) aufgeführten 59 Reisen und dazu noch 4 andere nach den meteorologischen Tagebüchern der Seewarte daraufhin eingehend untersucht worden, an welchem Tage eine Hilfsmaschine hätte Verwendung finden können. Es ist dabei wie folgt verfahren worden: Alle Wachen, in denen das Schiff unter 20 Sm (= 5 Sm/St.) gelaufen hat, sind nach Weg und Zeit zusammengezählt; von dieser Summe sind diejenigen Wege und Zeiten abgezogen, wo eine Windstärke über 4 oder starker Seegang geherrscht hat, indem angenommen wurde, daß in diesen Wachen die Hilfsmaschine das Schiff nicht schneller vorwärts gebracht haben würde. Für den verbleibenden Weg wurde dann angenommen, daß die Hilfsmaschine in der Größe wie auf S. 57 angegeben, das Schiff unter Mitwirkung des leichten Windes (Windstärke durchschnittlich 1—2) auf demselben Weg mit 7 Sm/St. vorwärts gebracht hätte.

Das Ergebnis dieser umständlichen Arbeit ist in der nachstehenden Tabelle wiedergegeben und übersichtlicher graphisch dargestellt in Fig. 76.

---

*) Annalen der Hydrographie und Maritimen Meteorologie 1907, Heft 10.

**) Hansa 1907, Nr. 45.

***) Hansa 1907, Nr. 48 S. 982.

63 Reisen auf den Hauptseglerwegen ohne und mit Motoren.

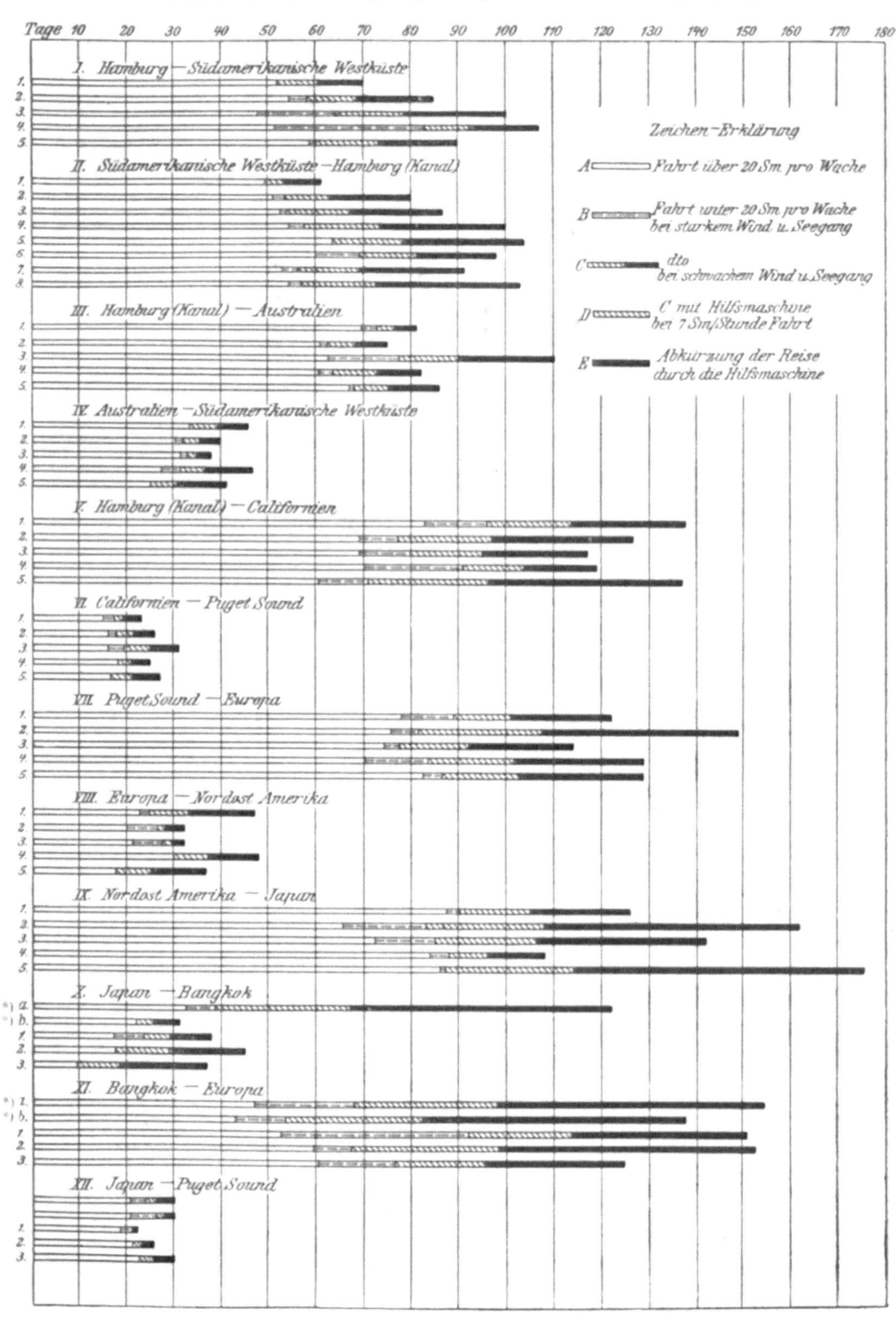

*) Im Anhang IV (S. 106) nicht enthalten.

Fig. 76.

63 Reisen auf den Haupt-Seglerwegen, ohne und mit Hilfsmotoren.

1	2	3	4	5	6	7	8	9	10	11	12
Nr. des Anhang IV	Fahrt	Reisedauer	Fahrt unter 20 Seemeilen pro Wache					Spalte 7 hätte mit Motor bei 7 Sm/St gedauert	Gewinn durch Motor		Reisedauer mit Motoranlage
			im ganzen	Wind und Seegang							
				stark	schwach						
	an ab	Tage	Tage		Sm	Tage	Sm/St	Tage	Tage	%	Tage
	I. Hamburg (Kanal) — Südamerikanische Westküste.										
1	12. 4.03—21. 6.03	70	18	1,7	1251	16,3	3,19	7,4	8,9	12,7	61
2	27. 2.05—22. 5.05	85	30,4	3,7	1675	26,7	2,62	10	16,7	19,6	68
3	25. 6.04— 2.10.04	100	52	16	2428	36	2,81	14,5	21,5	21,5	78
4	3. 7.05—18.10.05	107	55,7	31,6	1496	24,1	2,58	8,9	15,2	14,2	92
5	8. 9.02— 7.12.02	90	31	1	2169	30	3,04	13,1	16,9	18,8	73
	Im Mittel	90,4	37,42	10,8	1803,8	26,6	2,85	10,8	15,84	[1]) 17,53	74,4
	II. Südamerikanische Westküste — Hamburg (oder Kanal).										
1	5. 7.03— 4. 9.03	61	11,6	0,3	600	11,3	2,2	3,6	8,1	7,5	53
2	1. 6.05—20. 8.05	80	29	2,3	1591	26,7	2,48	9,5	17,2	21,5	63
3	16.11.04—11. 2.05	87	34,5	1,3	2209	33,2	2,78	13,2	20,0	23,0	67
4	18.11.05—26.2. 06	100	45,4	3,2	2590	42,2	2,56	15,4	26,8	26,8	73
5	1. 1.03—14. 4.03	104	40,3	—	2513	40,3	2,59	15	25,3	24,4	79
6	17.10.04—23. 1.05	98	38,2	8,9	2036	29,3	2,89	12	17,3	17,7	81
7	19. 1.03—20. 4.03	91	38,0	3,3	2233	34,7	2,68	13,3	21,4	23,5	70
8	21. 2.00— 4. 6.00	103	48,5	2,7	2572	45,8	2,34	15,4	30,4	29,5	73
	Im Mittel	90,5	35,7	2,75	2043	32,93	2,57	12,12	20,82	[1]) 23	69,9
	III. Hamburg (Kanal) — Australien.										
1	29. 3.05—18. 6.05	81	11,2	2,3	768	8,9	3,61	4,6	4,3	5,3	77
2	21. 5.02— 4. 8.02	75	14	1,3	1078	12,7	3,54	6,4	6,3	8,4	69
3	6. 1.00—26. 4.00	110	47,5	15,0	2072	32,5	2,66	12,4	20.1	18,3	90
4	11.11.00— 1. 2.01	82	21,2	2,8	1520	18,4	3,46	9,1	9,3	11,3	73
5	12. 9.98— 7.12.98	86	18,7	0,7	1205	18,0	2,78	7,1	10,9	13,5	75
	Im Mittel	86,8	22,5	4,4	1328,6	18,1	3,21	7,92	10,2	[1]) 11,75	76,8
	IV. Australien — Südamerikanische Westküste.										
1	23. 8.05— 8.10.05	46	12,4	—	959	12,4	3,23	5,7	6,7	14,5	39
2	3.10.02—12.11.02	40	9,2	1,3	568	7,9	2,97	3,4	4,5	11,2	35
3	1.11.99— 9.12.99	38	6,6	1,8	351	4,8	3,02	2,1	2,7	7,2	35
4	21. 3.01— 7. 5.91	47	19,3	3,1	982	16,2	2,51	5,8	10,4	22,2	36
5	2. 3.99—12. 4.99	41	15,8	—	977	15,8	2,58	5,8	10,0	24,4	31
	Im Mittel	42,4	12,66	1,24	767,4	11,42	2,86	4,56	6,86	[1]) 16,2	35,2

[1]) Die Mittelwerte für den Gewinn durch den Motor in Prozent sind nicht das Mittel aus den einzelnen Prozenten, sondern errechnet aus den Mittelwerten der Spalte 10 und Spalte 3.

1	2	3	4	5	6	7	8	9	10	11	12
Nr. des Anhang IV	Fahrt	Reise-dauer	Fahrt unter 20 Seemeilen pro Wache					Spalte 7 hätte mit Motor bei 7 Sm/St gedauert	Gewinn durch Motor		Reise-dauer mit Motor-anlage
			im ganzen	Wind und Seegang							
				stark	schwach						
	an ab	Tage	Tage		Sm	Tage	Sm/St	Tage	Tage	%	Tage

V. Hamburg (Kanal) — Californien.

1	2	3	4	5	6	7	8	9	10	11	12
1	30. 5. 03—15. 10. 03	138	5	12,6	2992	42,4	2,84	17,8	24,6	17,8	113
2	23. 4. 98—28. 8. 98	127	58	7,7	3403	50,3	2,83	20,2	30,1	23,6	97
3	7. 4. 01— 2. 8. 01	117	48,2	10,7	2596	37,5	2,88	15,4	22,1	18,8	95
4	10. 7. 02— 6. 11. 02	119	49,2	21,0	2144	28,2	3,14	12,8	15,4	13,0	104
5	25. 10. 04—11. 3. 05	137	76,3	10,3	4271	66,0	2,70	25,5	40,5	29,6	96
	Im Mittel	127,6	57,34	12,46	3081,2	44,88	2,88	18,34	26,54	[1]) 20,8	101

VI. Californien — Puget-Sound.

1	2	3	4	5	6	7	8	9	10	11	12
1	21. 1. 04—13. 2. 04	23	7,8	2,1	295	5,7	2,17	1,8	3,9	17	19
2	3. 11. 98—29. 11. 98	26	10	1,7	627	8,3	3,13	3,7	4,6	17,7	21
3	1. 10. 01— 1. 11. 01	31	15	3,3	859	11,7	3,06	5,1	6,6	21,2	24
4	18. 1. 03—11. 2. 03	25	6,8	—	475	6,8	2,8	2,8	4,0	16	21
5	1. 6. 05—28. 6. 05	27	10,5	—	778	10,5	3,08	4,6	5,9	21,8	21
	Im Mittel	26,4	10,02	1,42	606,8	8,6	2,85	3,6	5,0	[1]) 18,9	21,2

VII. Nordwest-Amerika (Puget-Sd.) — Europa.

1	2	3	4	5	6	7	8	9	10	11	12
1	20. 5. 04—20. 9. 04	122	43,7	11	1962	32,7	2,5	12,2	20,5	16,8	101
2	24. 1. 99—22. 6. 99	149	73,3	5,6	4471	67,7	2,75	26,6	41,1	27,6	108
3	13. 12. 01— 6. 4. 02	114	39,8	3,3	2392	36,5	2,72	14,25	22,2	19,5	92
4	10. 4. 03—17. 8. 03	129	58,7	13,4	3025	45,3	2,79	18	27,3	21	102
5	23. 9. 05—30. 1. 06	129	46,3	3,8	2726	42,5	2,67	16,2	26,3	20,4	103
	Im Mittel	128,6	52,36	7,42	2915,2	44,94	2,68	17,45	27,48	[1]) 21,4	101,2

VIII. Europa — Nordost-Amerika.

1	2	3	4	5	6	7	8	9	10	11	12
1	26. 10. 99—12. 12. 99	47	24,3	2,1	1338	22,2	2,5	8	14,2	30,2	33
2	5. 5. 02— 6. 6. 02	32	12,2	6,7	298	5,5	2,26	1,75	3,75	11,7	28
3	19. 9. 03—21. 10. 03	32	11,2	6,7	327	4,5	3,03	2	2,5	8	29
4	27. 1. 05—16. 3. 05	48	18	0,5	1145	17,5	2,73	6,8	10,7	22,3	37
5	8. 7. 98—14. 8. 98	37	19,5	0,3	1188	19,2	2,9	7,1	12,1	32,6	25
	Im Mittel	39,2	17,04	3,26	859,2	13,78	2,68	5,13	8,65	[1]) 22,1	30,4

[1]) Die Mittelwerte für den Gewinn durch den Motor in Prozent sind nicht das Mittel aus den einzelnen Prozenten, sondern errechnet aus den Mittelwerten der Spalte 10 und Spalte 3.

1	2	3	4	5	6	7	8	9	10	11	12
Nr. des Anhang IV	Fahrt	Reise-dauer	Fahrt unter 20 Seemeilen pro Wache					Spalte 7 hätte mit Motor bei 7 Sm/St gedauert	Gewinn durch Motor		Reise-dauer mit Motor-anlage
			im ganzen	Wind und Seegang							
				stark	schwach						
	an ab	Tage	Tage		Sm	Tage	Sm/St	Tage	Tage	%	Tage
	IX. Nordost-Amerika - Japan.										
1	9. 1.00—15. 5.00	126	38,5	2,5	2530	36	2,9	15	21	16,6	105
2	27. 6.02— 6.12.02	162	96,4	17,3	4206	79,1	2,22	25	54	33,3	108
3	23.11.03—12. 4.04	142	70	13	3560	57	2,6	21,2	35,8	25,2	106
4	19. 4.05— 5. 8.05	108	23,6	3,8	1315	19,8	2,76	7,8	12	11,2	96
5	30. 9.98—25. 3.99	176	90	1,2	4576	88,8	2,15	27,3	61,5	34,9	114
	Im Mittel	142,8	63,7	7,56	3237,4	56,14	2,53	19,26	36,86	[1]) 25,8	105,8
	X. Japan-Bangkok (Rangun).										
[2]) a	9. 5.03— 8 9.03	122	89,6	6,3	4707	83,3	2,59	28	55,3	45,3	67
[2]) b	31.12.02—30. 1.03	31	9,3	0,1	670	9,2	3,05	4	5,2	16,7	26
1	12. 5.04—19. 6.04	38	20,8	6,5	925	14,3	2,7	5,5	8,9	23,2	29
2	15. 9.05—30.10.05	45	27,7	—	1945	27,7	2,9	11,6	16,1	35,8	29
3	13. 9.05—20.10.05	37	28,1	—	1567	28,1	2,3	9,3	18,8	50,8	18
	Im Mittel	54,6	35,1	2,58	1962,8	32,52	2,71	11,68	20,86	[1]) 38,4	33,8
	XI. Bangkok - Europa.										
[2]) a	10.10.03—13. 3.04	155	108	20,8	5074	87,2	2,43	30,2	57	36,8	98
[2]) b	27. 2.03—15. 7.03	138	95,2	10,6	4882	84,6	2,2	29,0	55,6	40,2	82
1	15. 7.04—14.12.04	151	98,4	39,5	3639	58,9	2,5	21,6	37,2	24,6	114
2	2.12.05—14. 5.06	153	93,4	7,2	5339	86,2	2,57	31,8	54,4	35,5	99
3	13.11.05—18. 3.05	125	64,4	15,8	3225	48,6	2,77	19,3	29,3	23,4	96
	Im Mittel	144,4	91,88	18,78	4431,8	73,1	2,49	26,38	46,7	[1]) 32,7	97,8
	XII. Japan- Nordwest - Amerika.										
1	27. 6.02—27. 7.02	30	9,3	2,8	526	6,5	3,37	3,1	3,4	11,2	27
2	13.11.04—13.12.04	30	9,3	5,8	274	3,5	3,26	1,6	1,9	6,25	28
3	22. 2.02—16. 3.02	22	3,5	1,3	153	2,2	2,92	0,9	1,3	5,7	21
4	8. 9.02— 4.10.02	26	4,8	0,3	310	4,5	2,87	1,9	2,6	10,2	23
5	17. 4.02—17. 5.02	30	7,3	0,6	422	6,7	2,64	2,5	4,2	13,9	26
	Im Mittel	27,6	6,84	2,16	337	4,68	3,01	2,0	2,68	[1]) 9,68	25
	Gesamt Mittel I—XII.	**83,4**	**36,9**	**6,2**	**1948**	**30,6**	**2,8**	**11,6**	**19,0**	**[1]) 22,8**	**64,4**

[1]) Die Mittelwerte für den Gewinn durch den Motor in Prozenten sind nicht das Mittel aus den einzelnen Prozenten, sondern errechnet aus den Mittelwerten der Spalte 10 und Spalte 3.

[2]) In Tabelle Anhang IV S. 104—106 nicht enthalten.

Es ergibt sich daraus, daß die mittlere Abkürzung der Reise durch die Hilfsmaschine auf einigen Fahrten (Nr. XII), zwar nur etwa 10 %, auf anderen (Nr. X) aber bis nahezu 40 % beträgt; die mittlere Abkürzung aus allen Reisen beträgt 22,8 %, wenn die Gesamtzahl der durch die Hilfsmaschinen gewonnenen Tage dividiert wird durch die Gesamtdauer aller Reisen. Diese Abkürzung ist zweifellos noch ungünstig gerechnet aus folgenden Gründen.

1. Es sind nur die Ozeanstrecken berücksichtigt, nicht die Fahrt im Kanal, in der Nordsee, oder an den Küsten von Hafen zu Hafen, z. B. in Chile, Ostindien oder Australien.
2. Es ist sicher häufig möglich, auch gegen verhältnismäßig starken Wind nur mit Stagsegeln und Hilfsmaschinen langsam aufzukreuzen, wie dies in der Regel bei der Westfahrt um Cap Horn wünschenswert sein wird. Dadurch kann auch noch die nach der Zeichenerklärung „B" in Fig. 76 markierte Zeit durch die Hilfsmaschine wesentlich abgekürzt werden.
3. Die Hilfsmaschine erlaubt Windstillen direkter zu überschreiten, dadurch können oft große Schleifen abgeschnitten werden: ein krasses Beispiel hierfür bietet das Schiff X, a in Fig. 76, welches in schwachem Wind oder Stille sich offenbar wochenlang im Kreise bewegt hat.

Demnach ergibt diese genaue Berechnung, daß die Annahme (S. 62) von 20 % Abkürzung der Seglerreisen durch die Hilfsmaschine zu niedrig geschätzt worden ist. Es kann eine durchschnittliche Abkürzung von mindestens 25 bis 30 % sicher erwartet werden!

Daß als Hilfsmaschine die Motoranlage große Vorteile bietet, ist auf Seite 58 bis 61 eingehend entwickelt und in dem erwähnten Artikel (Hansa, 9. XI. 07) rechnerisch nachgewiesen worden. Es sind nun im vergangenen Jahre von einer Reihe deutscher Firmen eine große Anzahl Projekte von Motoranlagen für große Segelschiffe zum Teil unter Mitwirkung des Verfassers ausgearbeitet und den großen Reedereien des In- und Auslandes vorgelegt worden. Die Projekte sehen teils direkten Antrieb vor, teils indirekten unter Zwischenschaltung eines Elektromotors (s. a. S. 67 bis 71).*)

Vorläufig erschienen den Reedereien die Anlagekosten zu hoch; besonders der elektrische Zwischentrieb gibt recht hohe Anlagekosten, wenn auch seine Vorteile nicht verkannt werden*) (s. a. S. 74). Ein Zwischentrieb

*) Schulthes, Elektrisch angetriebene Propeller. Jahrbuch der Schiffbautechnischen Gesellschaft 1908.

wird notwendig bei hohen Umdrehungen der Motoren, wie dies auf Seite 59 entwickelt worden ist*). Geringe Umdrehungszahl ist bisher vorteilhaft nur bei den Diesel-Motoren angewendet worden, und es scheint, als ob sich die Frage der Hilfsmaschine für große Segelschiffe ganz scharf darauf zugespitzt, ob Diesel-Motore für die erforderliche Leistung von einigen Hundert PS mit geringen Umdrehungen und großer Zuverlässigkeit, billiger hergestellt werden können**).

Sehr wichtig ist bei dieser Sache die Frage des Brennstoffes, sein Preis und die Möglichkeit, denselben in den Hauptseglerhäfen zu erhalten. Auch hierin ist der Diesel-Motor allen andern voran, da er mit Rohöl gut arbeitet. Über Vorkommen und Preise des Rohöls sind zusammenfassende Angaben meines Wissens nur in der Arbeit von R. Diesel „Wärmekraftmaschinen und flüssige Brennstoffe***) vorhanden. Danach ist Texasöl oder Borneoöl besonders billig zu erhalten an folgenden von Segelschiffen viel besuchten Orten: Texas, Californien und Japan zu höchstens 20 Mk./t, U. S. Nordamerika zu etwa 20 Mk./t; in Indien und Australien zu 30 bis 60 Mk./t; England zu 30 bis 60 Mk./t; in größeren Mengen soll die Shell Transport Trading Co. nach jedem größeren Überseehafen, je nach Lage Texas- oder Borneoöl zum Preise von 35 bis 40 Mk./t liefern. Genaue Preise für Deutschland sind sehr schwer zu erhalten; doch dürfte nach Ermittelungen von E. Förster (Schiffbau 23. Oktbr. 1907) im Hamburger Freihafen Texasöl für etwa 50 bis 55 Mk./t sicher zu haben sein.

Um neuere Angaben über die Preise im Ausland zu erhalten, wäre es sehr zu wünschen, daß sich die Kapitäne der Segelschiffe in allen angelaufenen Häfen danach erkundigten, ob und zu welchem Preis dort Texasöl oder Borneo-Öl zu haben ist, oder ob eine der dortigen Firmen die Beschaffung desselben für Segelschiffe übernehmen kann und will†).

Der Bedarf für die verschiedenen Reisen und Schiffsgrößen ist aus der oben angeführten Tabelle leicht zu errechnen: bei einem Ölverbrauch von (hoch gerechnet) 0,25 kg pro eff. PS und Stunde = 6 kg für 24 Stunden ist der Tages-

---

*) Nach „Le Jacht“ v. 9. XI. 1907 ist der amerikanische Viermast-Schoner „Northland“ von 2047 Br.-Reg.-T. mit einem Motor von 500 PS ausgerüstet; nähere Angaben über den Motor fehlen, doch scheint derselbe nach der geringen Steigung der Schraube sehr hohe Umdrehungen (mindestens 300) zu haben, und ohne Zwischentrieb auf die Schraube zu arbeiten.

**) S. a. Rentabilität von Motoranlagen für große Segelschiffe vom Verfasser; Hansa, Februar-März 1908.

***) Zeitschrift des Vereins deutscher Ingenieure 1903, Nr. 38.

†) S. Rentabilität. Hansa, Februar-März 1908.

bedarf für eine Viermastbark von 3000 Brutto-Register-Tonnen bei einer Motoranlage von 400 eff. PS. rund 2,5 Tonnen Rohöl. Die nachstehende Tabelle zeigt den Bedarf an Brennstoff für die berechneten Reisen.

Bedarf an Rohöl einer Diesel-Motoranlage von 400 eff. PS für eine Viermastbark von 3000 Brutto-Register-Tonnen.

(hoch gerechnet 0,25 kg pro eff. PS und Stunde = rund 2,5 t pro Tag)

Nr.	Fahrten	Betriebstage der Motoranlage		Ölverbrauch in Tonnen	
		Mittel	Höchst	Mittel	Höchst
I.	Hamburg – Südamerikan. Westküste	11	15	28	38
II.	Südamerikan. Westküste—Hamburg	12	15	30	38
III.	Hamburg—Australien	8	12	20	30
IV.	Australien—Südamerikan. Westküste	5	6	13	15
V.	Hamburg—Californien	18	26	45	65
VI.	Californien—Puget Sound.	4	5	10	13
VII.	Puget Sound—Europa.	17	27	43	68
VIII.	Europa—N.-O.-Amerika	5	8	13	20
IX.	N.-O.-Amerika—Japan	19	27	48	68
X.	Japan—Indien	12*)	28*)	30*)	70*)
XI.	Indien—Europa	26	32	65	80
XII.	Japan—Puget Sound	2	3	5	8

*) Besonders hoch infolge der Reise X a.

Ein Schiff von 1500 Brutto-Register-Tonnen würde etwa eine Motoranlage von 200 eff. PS erhalten und die Hälfte des obigen Brennstoffes gebrauchen; ein größeres Schiff braucht mehr ungefähr entsprechend seinen Brutto-Register-Tonnen.

Für eine Rundreise z. B. Hamburg—Australien—Südamerikan. Westküste —Hamburg würden die Motoren im Mittel an 8 + 5 + 12 = 25 Tagen in Betrieb sein, also für die ganze Rundreise etwa 65 Tonnen verbrauchen.

Platzbedarf und Gewicht einer Motoranlage ist nicht erheblich. Der Verlust an Laderaum und Tragfähigkeit ist unbedeutend. Fig. 77 zeigt eine solche Anlage von 400 eff. PS für 2 Schrauben, wie dieselbe in eine fertige Viermastbark nachträglich eingebaut werden kann. Bei Neubauten kann der Raum noch kleiner sein, oder falls für leichte Ladungen Bedenken gegen Verringerung des Laderaums und Zweifel an der Trimlage bestehen, kann als Ersatz für den Maschinenraum die Poop entsprechend verlängert werden.

Der Raum für die Motoranlage berechnet sich zu rund 400 cbm = 5,6 % des Laderaums. Der Netto-Raumgehalt wird um diesen Betrag mal 1,75 kleiner, also um rund 9 % verringert werden.

Motoranlage einer Viermastbark.

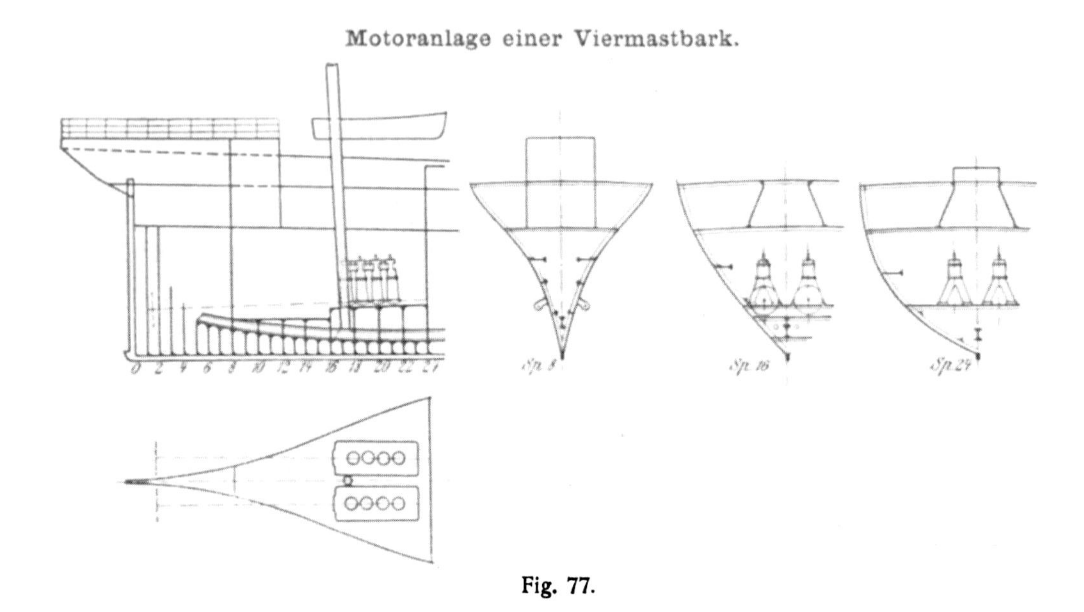

Fig. 77.

Das Gewicht der Anlage wird einschl. der Fundamente, Schotten und Schächte etwa 70 t betragen. Wie die Tabelle Seite 125 zeigt, genügt für die meisten Reisen ein Ölvorrat von etwa 30 Tonnen, so daß der Verlust an Tragfähigkeit für eine Viermastbark von 4500 t d. w. nur selten 100 Tonnen übersteigen wird.

VI. Schluß.

So wenig erfreulich das Bild erscheint, welches die Statistik bietet, so ist trotz des bisher dauernden Niedergangs ein Aussterben der großen Segelschiffe nicht zu erwarten; es muß aber viel Neues versucht und geschaffen werden, um den stetigen Fortschritten des Dampferbaues zu folgen. Alle beteiligten Faktoren, der Kaufmann, der Kapitän, der Ingenieur müssen gemeinsam arbeiten, um Verbesserungen in der Organisation des Betriebes und in der Bauart zu erreichen. Nicht nur als beste Schule des seemännischen Nachwuchses sollen die großen Segelschiffe erhalten bleiben, sondern zur Ausnutzung der Naturkraft des Windes.

Literatur.

1. Arenhold, Entwickelung des Segelschiffs. Jahrbuch der Schiffbautechn. Ges. Berlin 1906.
2. W. S. Lindsay, History of merchant Shipping, Band III. London 1883.
3. Annual Report of the Commission of Navigation. Washington 1904.
4. Marine Engineering. New York:
   a) The rigging of American sailing vessels. Januar 1904.
   b) 4- und 5-Mast-Schoner. Mai 1902, Dezember 1901.
   c) Geo. W. Wells. Januar 1902.
   d) Thomas W. Lawson. Oktober 1901; November 1902; Juli 1903.
   e) Details of „Great Republic". August 1901.
5. E. J. Reed, Naval Science. London 1872—75:
   a) Clipper Ships 1873.
   b) Dismasting of large iron sailing Ships 1875.
6. Report of Masting. London 1886.
7. Lloyds Register of Shipping, Rules and Regulations. London 1874—1906.
8. Ed. Paris, Souvenir de la Marine. Paris 1882—1892.
9. Bureau Veritas, General-Register der Handelsmarine. Paris 1873—1906.
10. Le Yacht:
    a) Le Quatremâts l'Union. 11. November 1882.
    b) „France". 12. Oktober 1889.
11. L. Piaud, La Marine marchande à l'Exposition de 1889. Paris 1893.
12. Budget de l'Excercise, Ministère du Commerce et de l'Industrie. Paris 1892—1905.
13. Congrès internationale de la Marine marchande. Paris 1900. (Léon Müller, Evolution de la Marine à voiles depuis 40 ans.)
14. Middendorf, Bemastung und Takelung der Schiffe. Berlin 1903.
15. Rundschreiben des Internationalen Transportversicherungs-Verbandes. Berlin. Nr. 2104, 2123, 2134, 3528, 3531. 1892—1900.
16. Note du Bureau Veritas sur les grands Voiliers francais modernes. Paris 3. Janvier 1901; Supplement 1. Februar 1901.
17. Revue generale de la Marine marchande. Paris 1901.
18. Revue maritime et coloniale. Band XV. (1865), S. 642. Paris.
19. Nares, Seamanship. Portsmouth 1886.
20. Gerh. Schott, Transoceanische Segelschiffahrt. D. Monatsschrift für das gesamte Leben der Gegenwart. Berlin 1905.
21. Annalen der Hydrographie und maritimen Meteorologie. Berlin 1872—1906:
    a) 1891. Reisen von Schiffen der Firma F. Laeisz 1886—1890.
    b) 1898. 18 Reisen des Kapt. Hilgendorf.
    c) 1900. Beiheft I. Rasche Reisen deutscher Segler.
    d) 1905. Fahrtgeschwindigkeit der Segelschiffe auf großen Reisen.
22. R. Dittmer. Deutsche Hochseefischerei bis 1902. Hannover 1902.
23. Statistik des Germanischen Lloyd. Berlin 1891—1906.
24. Vierteljahrshefte zur Statistik des Deutschen Reiches. Berlin 1875—1903.
25. Statistik von Bremen, Hamburg, Lübeck von 1854—1904.
26. Literatur des Nachtrags s. Fußnoten im Text.

Printed by Books on Demand, Germany